"十三五"职业教育国家规划教材

青少年 STEAM 创客教育系列

基础机器人制作与编程
（第 3 版）

秦志强　王文斌　编译

电子工业出版社
Publishing House of Electronics Industry
北京·BEIJING

内 容 简 介

本书以两轮小型移动机器人作为编程对象，围绕机器人运动控制和导航展开学习，将 BasicDuino 微控制器和基础的编程技术与技巧融入一系列典型的机器人制作与编程任务中，最后通过赛学合一的竞赛项目，启迪读者掌握基础的单片机高级语言编程技术，激发读者的学习兴趣和热情，培养读者理论联系实际、分析问题和解决问题的能力。

本书可作为青少年 STEAM 创客教育高级语言编程首本教材，同时也可作为中等职业院校和高等职业院校的首门机器人课程教学用书，还可作为本科院校工程训练教材和广大信息技术爱好者的入门读物，甚至可以作为管理类和文科类学生了解科学与工程常识的教材。

本书的初版是根据美国 Parallax 公司编写的教材 *Robotics with the Robot* 翻译和改编而成的，经过 2 次改版，现在的内容已经同初版有了比较大的区别，增删了许多内容，更加适合我国的青少年学习机器人 STEAM 创客课程时使用。

未经许可，不得以任何方式复制或抄袭本书之部分或全部内容。

版权所有，侵权必究。

图书在版编目（CIP）数据

基础机器人制作与编程 / 秦志强，王文斌编译. —3 版. —北京：电子工业出版社，2020.9
ISBN 978-7-121-37696-2

Ⅰ. ①基… Ⅱ. ①秦… ②王… Ⅲ. ①机器人－制作－高等学校－教材②机器人－程序设计－高等学校－教材 Ⅳ. ①TP242

中国版本图书馆 CIP 数据核字（2019）第 247113 号

责任编辑：王昭松
印　　刷：北京虎彩文化传播有限公司
装　　订：北京虎彩文化传播有限公司
出版发行：电子工业出版社
　　　　　北京市海淀区万寿路 173 信箱　邮编：100036
开　　本：880×1 230　1/24　印张：9.5　字数：260 千字
版　　次：2007 年 8 月第 1 版
　　　　　2020 年 9 月第 3 版
印　　次：2023 年 1 月第 4 次印刷
定　　价：40.00 元

凡所购买电子工业出版社图书有缺损问题，请向购买书店调换。若书店售缺，请与本社发行部联系，联系及邮购电话：（010）88254888，88258888。

质量投诉请发邮件至 zlts@phei.com.cn，盗版侵权举报请发邮件至 dbqq@phei.com.cn。

本书咨询联系方式：（010）88254015，wangzs@phei.com.cn，QQ：83169290。

第 3 版前言

《基础机器人制作与编程》一书自 2007 年出版以来,由于教学理念新颖、寓教于乐、内容可操作性强、硬件成本低的特点,被众多高等院校和职业技术学院选为教材,在使用过程中,很多教师和学生对本书提出了不少宝贵的意见和建议,在此对他们表示深深的感谢。

经过进一步的修订和完善,本书的第 2 版于 2014 年有幸成为"十二五"职业教育国家规划教材,这是对编译者的肯定,更是一种鞭策,我们要更加努力地做好这本书,来答谢每一位读者。在本次修订出版的第 3 版教材中,更新了书中的部分套件和程序,对上一版的文字进行梳理,对错误之处进行修正,使得文字叙述更加流畅,保证读者即使在零基础的前提下也能理解、消化书中的内容。同时,引入了近几年中国教育机器人比赛中的竞赛项目,用于评估学习效果。

随着科学技术的不断进步,我们的社会已经进入人工智能时代。人工智能就是可以通过计算机编程实现的智能。人的智能一旦变成人工智能,就可以代替人类更好地完成相应的智能工作。那么,哪些智能是可以通过计算机编程实现的呢?这就需要我们了解人类智能的基本形式和层次。人类的智能可以归结为三个层次:最基本的智能是理解事实;其次是理解规则和执行规则;最后则是人类所独有的智能,即创造新的事实和新的规则。

能够明确描述的事实和规则都是计算机可以实现的智能。我们学习人工智能首先要学习如何从要解决的问题中提炼出基本的事实和规则,然后根据这些基本的事实和规则进行推理,建立解决问题的规则序列,即程序,最后将这些规则序列翻译成计算机程序,即编程。

这套青少年STEAM创客教育系列丛书从《初识人工智能》开始，共十本，内容循序渐进，层层深入。每本书都力求浅显易懂、可操作性强，富有趣味性和吸引力。

本书通过基础机器人的制作与编程，让读者可以体验工程师的工作思路和工作方法，并掌握现代工程师所必备的一项基本技能——编程。本书以两轮小型移动机器人作为编程对象，围绕机器人运动控制和导航展开学习，将BasicDuino微控制器和基础的编程技术与技巧融入一系列典型的机器人制作与编程任务中，最后通过赛学合一的竞赛项目，启迪读者掌握基础的单片机高级语言编程技术，激发读者的学习兴趣和热情，培养读者理论联系实际、分析问题和解决问题的能力。

本系列丛书都必须搭配相应的硬件设备方能达到最佳的学习效果。所有硬件设备均使用全童科教（东莞）有限公司的机器人套件，套件的不同之处主要是单片机教学板和编程语言平台，这样做的原因除了便于读者进行类比和分析，也可以降低读者的成本支出，虽然这个支出在目前的商业社会中显得微不足道。

本次改版基本上延续了前两版的风格和特点：
① 寓教于乐，兴趣为先，采用机器人作为整本书的内容载体，非常容易引起读者的兴趣，激发读者的学习热情；
② 本书使用的机器人采用伺服电机作为控制与驱动电动机，便于读者入门，并将学习重点放在时序和逻辑的控制上，而不是伺服电机的复杂控制原理上；
③ 本书用到的传感器等耗材不仅价格低廉，而且易于获得，便于学校降低成本、普及项目教学；
④ 每讲最后都有工程素质和技能归纳，可以启发读者进行知识的归纳。

本书可作为青少年 STEAM 创客教育高级语言编程首本教材，同时也可作为中等职业院校和高等职业院校的首门机器人课程教学用书，还可作为本科院校工程训练教材和广大信息技术爱好者的入门读物，甚至可以作为管理类和文科类学生了解科学与工程常识的教材。具体的教学安排完全可以根据学校原有的教学计划组织，只是上课的方式要进行调整，不必再单独开设理论和实验课程。

限于时间与水平，书中难免有不妥之处，敬请读者批评指正。

全童科教（东莞）有限公司董事长

秦志强

2020 年 8 月

目 录

第1讲 机器人的大脑及编程软件的安装与使用 (1)
学习情境 (1)
BasicDuino 微控制器简介 (2)
任务1：获得软件 (3)
任务2：安装软件 (6)
任务3：硬件安装 (7)
任务4：你的第一个程序 (8)
任务5：查询指令 (14)
任务6：介绍 ASCII 码 (17)
任务7：断开电源，完成实验 (18)
工程素质和技能归纳 (19)

第2讲 机器人的伺服电机 (20)
学习情境 (20)
连续旋转伺服电机简介 (20)
任务1：将伺服电机连接至 BasicDuino 微控制器 (20)
任务2：伺服电机调零 (22)
任务3：如何保存数值和计数 (26)
任务4：测试伺服电机 (31)
工程素质和技能归纳 (40)

第3讲 机器人的组装和测试 (41)
学习情境 (41)
任务1：组装机器人 (41)
任务2：重新测试伺服电机 (47)
任务3：开始/复位指示电路和编程 (50)

任务4：用调试终端测试速度 ·· (53)
　工程素质和技能归纳 ··· (60)
第4讲　机器人巡航 ·· (61)
　学习情境 ··· (61)
　任务1：基本巡航动作 ·· (61)
　任务2：基本巡航运动的调整 ··· (67)
　任务3：计算运动距离 ·· (70)
　任务4：匀变速运动 ··· (72)
　任务5：用子程序简化巡航运动程序 ·· (75)
　任务6：高级主题——在EEPROM中建立复杂运动 ·························· (83)
　工程素质和技能归纳 ··· (94)
第5讲　机器人触觉导航 ·· (95)
　学习情境 ··· (95)
　触觉导航 ··· (95)
　任务1：安装并测试机器人的胡须 ··· (95)
　任务2：现场测试胡须 ·· (100)
　任务3：胡须导航 ·· (102)
　任务4：机器人迷路时的人工智能决策 ··· (107)
　工程素质和技能归纳 ··· (114)
第6讲　用光敏电阻进行导航 ·· (115)
　学习情境 ··· (115)
　光敏电阻 ··· (115)
　任务1：搭建和测试光敏探测电路 ··· (115)
　任务2：行走和躲避阴影 ··· (120)
　任务3：更易于响应的阴影控制机器人 ··· (124)
　任务4：从光敏电阻中得到更多的信息 ··· (126)
　任务5：用手电筒光束引导机器人行走 ··· (131)
　任务6：向光源移动 ··· (140)
　工程素质和技能归纳 ··· (147)

第 7 讲　机器人红外线导航 …………………………………………………………（148）
　　学习情境 ………………………………………………………………………（148）
　　使用红外线发射和接收器件探测道路 …………………………………………（148）
　　任务 1：搭建并测试红外探测电路 ……………………………………………（149）
　　任务 2：物体检测和红外干扰的实地测试 ……………………………………（153）
　　任务 3：红外探测距离的调整 …………………………………………………（158）
　　任务 4：探测和避开障碍物 ……………………………………………………（160）
　　任务 5：提高红外线导航程序的性能 …………………………………………（164）
　　任务 6：边沿探测 ………………………………………………………………（168）
　　工程素质和技能归纳 ……………………………………………………………（174）
第 8 讲　机器人距离探测 …………………………………………………………（175）
　　学习情境 ………………………………………………………………………（175）
　　任务 1：测试扫描频率 …………………………………………………………（175）
　　任务 2：机器人尾随控制 ………………………………………………………（182）
　　任务 3：跟踪条纹带 ……………………………………………………………（190）
　　工程素质和技能归纳 ……………………………………………………………（197）
第 9 讲　机器人竞赛 ………………………………………………………………（198）
　　学习情境 ………………………………………………………………………（198）
　　任务 1：认识 QTI 传感器 ………………………………………………………（198）
　　任务 2：机器人定位 ……………………………………………………………（203）
　　任务 3：心灵手巧竞赛 …………………………………………………………（208）
　　工程素质和技能归纳 ……………………………………………………………（216）
附录 A　本书所使用机器人部件清单 ………………………………………………（217）

第 1 讲　机器人的大脑及编程软件的安装与使用

 学习情境

人之所以为人，是因为人有一个比动物更加发达的大脑。机器人之所以能够叫作机器人，要么是因为它有一个其他机器所没有的大脑，要么是因为它有一个与其他自动化机器不同的大脑。许多自动化机器都有类似大脑的部分，在工程设计中称为自动控制器。之所以没有将它们称为机器人，完全是人为决定的。

机器人的大脑和其他自动化机器的控制器之间的关系就像人的大脑和其他动物的大脑之间的关系一样，从物质构成或硬件构成来看，几乎没有什么区别，有区别的是意识或软件，而意识或软件的区别也并不是本质的区别，仅仅是智能程度的差异或思考问题的方式之间的差别。因此，如果掌握了机器人大脑的开发和使用方法，也就掌握了其他自动化机器的控制器的开发和使用方法。

机器人大脑和其他自动化机器的控制器一样，都是由计算机构成的。所有简单的自动化机器同本书要制作的基础机器人一样，都采用一种叫作微控制器的单片计算机（简称单片机）进行控制。为了方便学习及快速引导读者了解编程或软件的本质，本书采用全童科教有限公司开发的 BasicDuino 微控制器作为机器人的大脑，以避开与单片机硬件有关的复杂知识。

机器人的大脑同人的大脑一样，工作时需要有能量，因此使用 BasicDuino 微控制器前的第一件事就是要给它接通电源；然后需要安装并测试一些软件，以使用某种编程语言编写一些机器人所需要的程序，从而使机器人具有一定的思想。

本讲通过以下步骤告诉你如何安装和使用机器人微控制器的编程环境，并教你如何开始编写 BasicDuino 程序，以使你的机器人具有思想。

- 寻找并安装编程软件。
- 连接 BasicDuino 微控制器到电源（电池供电）。

- 连接BasicDuino微控制器到计算机，以便编程。
- 初次编写少量的BasicDuino程序。
- 完成程序编写后断开电源。

BasicDuino 微控制器简介

如图1.1所示为一块BasicDuino微控制器。实际上，一块BasicDuino微控制器就是一个很小的计算机。

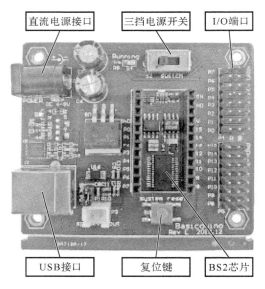

图 1.1　BasicDuino 微控制器

USB 接口

BasicDuino微控制器通过USB接口和一条USB电缆与计算机连接，借助计算机来为微控制器编写程序。

直流电源接口

BasicDuino微控制器在工作时必须有电源。电源可以是6V、2A的电源适配器或者电池组，

第 1 讲 机器人的大脑及编程软件的安装与使用

通过直流电源接口给微控制器供电。

三挡电源开关

三挡电源开关用来打开 BasicDuino 微控制器的电源，打开后电源指示灯会亮。

复位键

按下复位键，BasicDuino 微控制器中的程序会重新开始执行。

任务 1：获得软件

本书中，所有任务都要使用 BASIC Stamp 编辑器（版本 2.0 或以上）。该软件允许用户在计算机上编写程序并下载到机器人的 BASIC Stamp 内核里。它的界面可以显示 BASIC Stamp 反馈的信息，即允许机器人通过这种方式把它正在做什么和感觉到什么报告给用户——我们未来的机器人专家。

计算机系统需求

你将需要一台计算机来运行 BASIC Stamp 编辑器软件，要求如下：
- 采用 Windows 98 及以上操作系统。
- 具有 USB 接口。
- 配有光驱或能连接至互联网，两者兼有最好。

下载软件

从派拉力狮公司的网站上可以很容易地下载 BASIC Stamp 编辑器软件。在下载过程中将出现如图 1.2 所示的界面，或许该界面与你访问网站时看到的界面不同，因为派拉力狮的网站在不断地更新，但操作步骤是大致类似的。
- 通过浏览器访问 www.parallax.com 网站。
- 用鼠标单击"Downloads"菜单，显示选项。
- 用鼠标单击"BASIC Stamp"选项。
- 进入 BASIC Stamp 下载界面后，将发现有 2.0 或更高版本的编辑器软件可供下载。
- 单击下载图标，如图 1.2 所示，下载图标像一个文件夹一样，其左边的描述为"BASIC Stamp Windows Editor version 2.3.1（4.3MB）"。

基础机器人制作与编程（第3版）

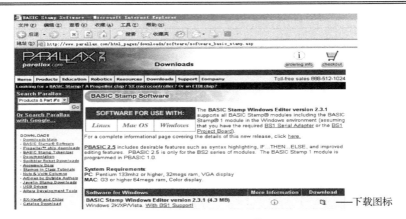

图1.2　BASIC Stamp 下载界面

- "文件下载"对话框如图1.3所示，单击"保存"按钮将文件保存到硬盘中。
- 如图1.4所示为"另存为"对话框。可以用"保存在"区域浏览你的计算机硬盘，选择一个理想的存储文件的位置。

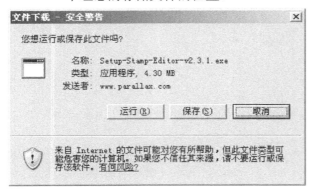

图1.3　"文件下载"对话框

图1.4　"另存为"对话框

- 选定下载文件的保存位置后，单击"保存"按钮。
- 当下载 BASIC Stamp 编辑器安装程序时（如图1.5所示），需要等待一会儿。如果使用调制解调器，则下载 BASIC Stamp 编辑器安装程序可能需要一点时间。
- 下载完成后，出现如图1.6所示的对话框，此时可以直接跳到任务2安装软件。

第1讲　机器人的大脑及编程软件的安装与使用

图 1.5　下载进程对话框

图 1.6　下载完毕对话框

在产品光盘中寻找编辑器安装软件

你也可以在产品光盘中找到 BASIC Stamp 编辑器安装软件。

- 把产品光盘放入计算机光驱中，光盘浏览器被称为"Welcome"应用程序，如图 1.7 所示。在大多数情况下，光盘可以自动运行。
- 如果"Welcome"应用程序没有自动运行，则双击"我的电脑"图标，再双击光驱图标，然后双击"Welcome"应用程序。
- 单击"Software"选项，如图 1.7 所示。
- 单击与"BASIC Stamps"文件夹连接的"+"号。
- 单击与"Basic Stamp Editer [Windows]"文件夹连接的"+"号。
- 单击标有"Stamp Editor v2.2"的软盘图标，如图 1.8 所示。

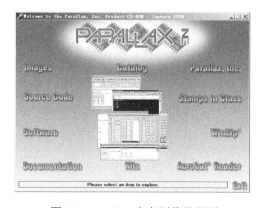

图 1.7　Parallax 光盘浏览器界面

图 1.8　从软件界面中选择安装软件

- 进入任务2，开始安装软件。

任务2：安装软件

到目前为止，可以从网站上下载，也可以从光盘中找到BASIC Stamp编辑器安装程序，接下来就要运行它了。

一步一步进行软件安装

- 如果BASIC Stamp编辑器安装程序是从网站上下载的，则在下载完成后单击窗口中的"运行"按钮，如图1.9所示。
- 如果是从光盘中安装的，则单击"Install"按钮，如图1.10所示。

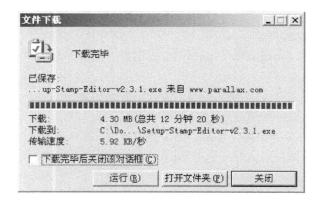

图1.9　单击"运行"按钮进行软件安装

图1.10　单击"Install"按钮进行软件安装

- 当BASIC Stamp编辑器安装向导窗口打开后，单击"Next"按钮，如图1.11所示。
- 安装类型选择"Complete"（完全安装）单选钮，如图1.12所示。单击"Next"按钮执行下一步。
- 当安装向导提示"Ready to Install the Program"时，单击"Install"按钮开始安装，如图1.13所示。
- 当安装向导提示"BASIC Stamp Editor v2.3.1 Installation Completed"（编辑器安装顺利完成）时，单击"Finish"按钮结束安装，如图1.14所示。

第 1 讲　机器人的大脑及编程软件的安装与使用

图 1.11　BASIC Stamp 编辑器安装向导

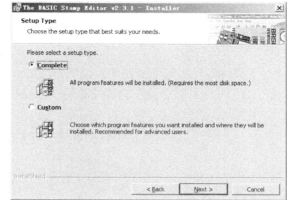

图 1.12　选择安装类型

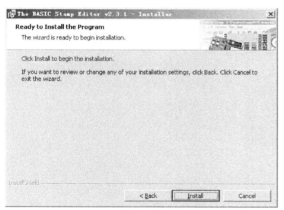

图 1.13　单击"Install"按钮开始安装

图 1.14　单击"Finish"按钮结束安装

任务 3：硬件安装

BasicDuino 微控制器需要连接电源以便运行，同时也需要连接到计算机上以便编程。以上接线完成后，就可以用编辑器软件对系统进行测试了。

任务 4：你的第一个程序

你即将编写的第一个程序将使机器人的大脑 BasicDuino 微控制器发送一条信息给计算机。如图 1.15 所示表明了微控制器是如何通过发送 0、1 数据流来传递需要显示在笔记本电脑上的文本字符的。这些"0"和"1"称为二进制数字。BASIC Stamp 编辑器软件能够检测这些二进制信息，并将其转换为字符后显示出来。

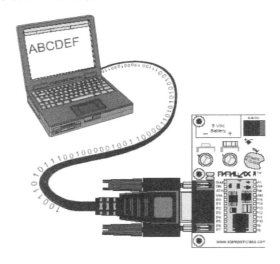

图 1.15 数据流从 BASIC Stamp 微控制器发送至笔记本电脑

下面是第一个程序例程。

例程： HelloBoeBot.bs2

```
' Robotics with the Boe-Bot - HelloBoeBot.bs2
' BASIC Stamp sends a text message to your PC/laptop.

' {$STAMP BS2}
' {$PBASIC 2.5}
```

DEBUG "HELLO, this is a message from your Boe-Bot."

END

将该例程输入 BASIC Stamp 编辑器。许多代码可通过单击工具栏中的按钮自动生成，其他的则需要通过键盘输入。
- 单击工具栏中的 BS2 图标（绿色倾斜芯片），图标会突出显示，如图 1.16 所示。如果鼠标停在该图标上，则会出现"Stamp Mode: BS2"帮助信息提示。
- 单击标有"2.5"的图标，图标会突出显示，如图 1.17 所示。帮助信息提示为"PBASIC Language: 2.5"。

图 1.16　单击 BS2 图标

图 1.17　单击 PBASIC 2.5 图标

- 把剩余的程序代码准确地输入 BASIC Stamp 编辑器中，如图 1.18 所示。注意：最前面的两行代码应该在编译器指令之上，其余的代码在编译器指令之下。

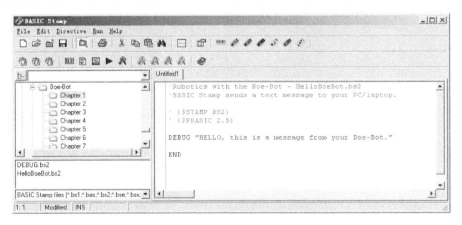

图 1.18　输入到 BASIC Stamp 编辑器中的程序 HelloBoeBot.bs2

- 单击"File"菜单项，选择"Save"选项进行保存，如图 1.19 所示。

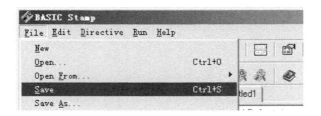

图 1.19　保存程序 HelloBoeBot.bs2

- 在"另存为"对话框底部的"文件名"栏中输入"HelloBoeBot.bs2",如图 1.20 所示。

图 1.20　输入文件名

- 单击"保存"按钮完成保存。
- 单击"Run"菜单项,选择"Run"选项,如图 1.21 所示,运行程序 HelloBoeBot.bs2。

图 1.21　运行程序 HelloBoeBot.bs2

第1讲 机器人的大脑及编程软件的安装与使用

一个简洁的显示程序框将显示从计算机下载程序到 BasicDuino 微控制器的进度过程。下载完成后将显示调试终端界面，如图 1.22 所示。可以通过按下和释放 BasicDuino 微控制器的复位键来验证这条信息是从 BasicDuino 微控制器发出的。每次按下并释放该按钮，程序就重新执行，会看见另一条同样的消息再次显示在调试终端界面。

当按下并释放复位键时，有没有看见"Hello…"消息再次出现在调试终端界面里呢？

BASIC Stamp 编辑器为绝大多数普通任务提供了快捷键。例如，在运行程序时，可以同时按下"Ctrl"键和"R"键，也可以单击"Run"按钮（一个蓝色三角形符号），如图 1.23 所示。可以用鼠标指向其他按钮来得到提示信息，这些提示信息会告诉你它们是做什么的。

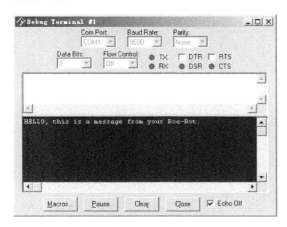

图 1.22 调试终端界面

图 1.23 BASIC Stamp 编辑器上的快捷按钮"Run"

HelloBoeBot.bs2 是如何使 BasicDuino 微控制器工作的

例程中最前面的两行代码是注释。注释在程序执行过程中会被忽略，因为注释是为了给人阅读的，不是给微控制器阅读的。在 PBASIC 语言中，所有以右单引号开始的语句在执行时都会被认为是注释。下面的第一句注释告诉读者该例程的文件名是什么；第二句注释是一句简单的单句描述，说明程序是做什么的。

' Robotics with the Boe-Bot - HelloBoeBot.bs2
' BASIC Stamp sends a text message to your PC/laptop.

随后有几个特殊的消息语句以注释的方式写进 BASIC Stamp 编辑器，这些消息语句叫作编译器指令。本书中所有的例程都要用到这两条指令。

    ' {$STAMP BS2}

    ' {$PBASIC 2.5}

第一条指令是"STAMP"，它告诉 BASIC Stamp 编辑器将下载程序到 BASIC Stamp 2 中；第二条指令是"PBASIC"，它告诉 BASIC Stamp 编辑器你使用的是 2.5 版本的 PBASIC 编程语言。

一条指令就是一个能让 BASIC Stamp 编辑器做某项特定工作的关键词。

在本程序中，两条指令中的第一条是"DEBUG"指令：

    DEBUG "HELLO, this is a message from your Boe - Bot."

这条指令是让 BASIC Stamp 编辑器通过 USB 线发送一条信息到 PC。

第二条指令是"END"指令：

    END

在程序运行结束后，这条指令让 BasicDuino 微控制器置于低功耗模式。在低功耗模式下，BasicDuino 微控制器等待复位键被按下（或被释放）或有新的程序通过编辑器下载。如果 BasicDuino 微控制器上的复位键被按下，它将再运行一次已加载的程序；如果新程序被加载进来，则旧程序会被擦除，并且开始运行新程序。

该你了——"DEBUG"格式说明和控制字符

"DEBUG"格式说明就是让 BasicDuino 微控制器发送到调试终端的信息以某种特定方式显示的代码字。DEC 就是一个格式说明的例子，它告诉调试终端显示一个十进制数值。CR 是一个控制字符的例子，它向调试终端发送一个回车指令。控制字符 CR 之后的文本或数值将显示在前面文本的下一行中。你可以修改程序使它包含更多的带有格式说明和控制字符的 DEBUG 指令。下面举一个例子说明如何添加 DEBUG 指令。

- 单击"File"菜单栏并选择"Save As"选项，用新的文件名另存程序。
- 一个好的新文件名可以是 HelloRobotYourTurn.bs2。
- 修改程序开头的注释如下：

' Robotics with the Boe - Bot - HelloRobotYourTurn.bs2

' BASIC Stamp does simple math, and sends the results

' to the Debug Terminal.

- 把以下三行代码添加到第一个 DEBUG 指令和 END 指令之间。

    DEBUG CR, "What's 7 X 11?"

    DEBUG CR, "The answer is: "

    DEBUG DEC 7 * 11

- 保存你所做的修改。

现在，你的程序应该和图 1.24 所示一致。

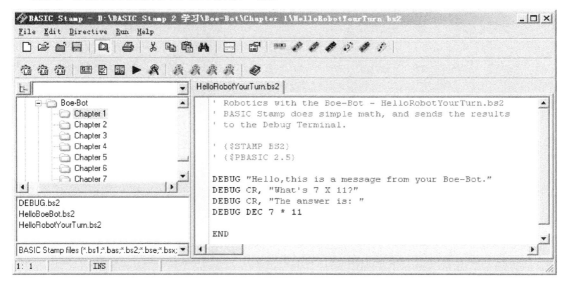

图 1.24　修改后的程序示例

运行修改后的程序。提示：既可以单击菜单项中的"Run"选项（如图 1.21 所示）来运行，也可以单击工具栏中的快捷按钮（如图 1.23 所示）来运行。

你的调试终端现在的显示如图 1.25 所示。

基础机器人制作与编程(第3版)

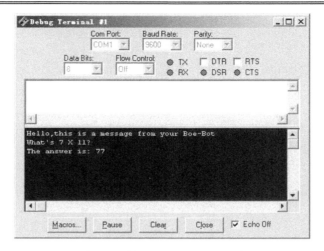

图 1.25　修改后的程序调试终端

有时，调试终端会隐藏在 BASIC Stamp 编辑器对话框后面。此时，你可以通过使用"Run"菜单项（如图 1.26 左图所示），或采用如图 1.26 右图所示快捷键"Debug Terminal 1"，或采用键盘上的"F12"键，使调试终端窗口回到前台显示。

图 1.26　使用菜单项（左图）或快捷键（右图）使调试终端回到前台显示

任务 5：查询指令

在刚才的程序中介绍了两条 PBASIC 指令：DEBUG 和 END 。通过查阅 BASIC Stamp 编辑器帮助或《BASIC Stamp 手册》，可以找到更多有关这两条指令的用法。本任务通过在 BASIC Stamp 编辑器帮助和《BASIC Stamp 手册》中查找 DEBUG 指令，指导你学习如何查询指令。

使用 BASIC Stamp 编辑器帮助

- 在 BASIC Stamp 编辑器中，单击"Help"菜单项，然后选择"Index"选项，如图 1.27 所示。
- 在"键入要查找的关键字"文本框中输入指令"DEBUG"，如图 1.28 所示。

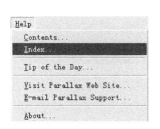

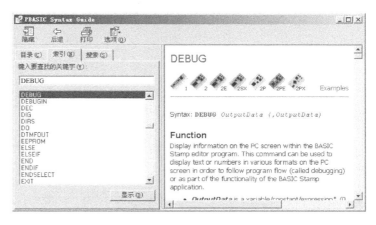

图 1.27　在帮助菜单中选择索引项　　　　　　图 1.28　查找 DEBUG 指令

- 当指令字"DEBUG"出现在文本框下面的列表中时双击它，然后单击"显示"按钮。

该你了

- 拖动滚动条浏览关于 DEBUG 指令的文章，里面有大量的说明和供用户尝试的例程。
- 单击"目录"选项卡，寻找与 DEBUG 相关的内容。
- 单击"搜索"选项卡，搜索关键词 DEBUG。
- 重复以上步骤，查找 END 指令的相关内容。

获得并使用《BASIC Stamp 手册》

《BASIC Stamp 手册》可以免费从派拉力狮公司的网站上下载，也可以从产品光盘中找到。

如图 1.29 所示是《BASIC Stamp 手册》目录部分（第 2 页）的摘录，在该手册的第 97 页

详细介绍了 DEBUG 指令。

```
BASIC STAMP COMMAND REFERENCE...................................77
    AUXIO.............................................................81
    BRANCH...........................................................83
    BUTTON...........................................................85
    COUNT............................................................89
    DATA.............................................................91
    DEBUG............................................................97
```

图 1.29　在目录中查找 DEBUG 指令

- 如图 1.30 所示是《BASIC Stamp 手册》中的一段摘录，这里对 DEBUG 指令做了详尽的说明。

5: BASIC Stamp Command Reference - DEBUG

DEBUG | BS1 | BS2 | BS2e | BS2sx | BS2p

DEBUG *OutputData* (, *OutputData*)

Function
Display information on the PC screen within the BASIC Stamp editor program. This command can be used to display text or numbers in various formats on the PC screen in order to follow program flow (called debugging) or as part of the functionality of the BASIC Stamp application.

图 1.30　手册中的 DEBUG 指令说明

- 大致浏览手册中关于 DEBUG 指令的说明。
- 统计一下手册中关于 DEBUG 指令给出了多少个程序示例。

☞该你了

- 利用《BASIC Stamp 手册》的索引查询 DEBUG 指令。
- 在《BASIC Stamp 手册》中查询 END 指令。

任务6：介绍 ASCII 码

在任务4中的 DEBUG 指令里用到了 DEC 格式说明，以便在调试终端显示十进制数。如果不使用 DEC 格式说明，会出现什么情况呢？如果不带格式说明的数字跟在 DEBUG 指令之后，则 BasicDuino 微控制器将把它们当作 ASCII 码读取。

利用 ASCII 码编程

ASCII 是 "American Standard Code for Information Interchange（美国信息交换标准代码）"的简称。绝大多数微控制器和 PC 都是利用这种代码给每个键盘按键分配数字的。一些数字对应键盘的具体动作，如光标上移、光标下移、空格、删除等，其他的数字则对应可打印的字母和符号。从数字 32 到 127 对应 BasicDuino 微控制器可以在调试终端显示的字母和符号。下面的例程将利用 ACSII 码在调试终端显示"BASIC Stamp 2"这几个字。

例程： AsciiName.bs2

输入并运行程序 AsciiName.bs2。

```
' AsciiName.bs2
' Use ASCII code in a DEBUG command to display the words BASIC Stamp 2.
' {$STAMP BS2}
' {$PBASIC 2.5}

DEBUG 66,65,83,73,67,32,83,116,97,109,112,32,50
END
```

程序 AsciiName.bs2 是如何运行的

DEBUG 指令之后的每个 ASCII 码都与一个显现在调试终端上的字母相对应。

DEBUG 66,65,83,73,67,32,83,116,97,109,112,32,50

66 在 ASCII 码中代表大写字母"B"，65 代表大写字母"A"，以此类推。32 代表的是字母之间的空格。注意,每个代码值之间都以逗号分隔,逗号允许 DEBUG 指令显示每个代码符号如同分别显示代码一样。这比输入 12 个分开的 DEBUG 指令要容易许多。

该你了——ASCII 码探索

- 把 AsciiName.bs2 文件另存为 AsciiRandom.bs2。
- 在 32~127 中任意选择 12 个数字。
- 用你选取的数字替代程序中原有的 ASCII 码。
- 运行修改后的程序,看看出现什么结果。

在《BASIC Stamp 手册》的附录 A 中,有一张 ASCII 码和它们对应符号的列表,你可以查找对应的 ASCII 码来拼写你的姓名。

- 把 AsciiRandom.bs2 另存为 YourAsciiName.bs2。
- 查阅在《BASIC Stamp 手册》中的 ASCII 码表。
- 修改程序,拼写你的姓名。
- 运行程序,看姓名拼写是否正确。
- 如果正确,保存程序。

任务 7:断开电源,完成实验

把电源从 BasicDuino 微控制器上断开很重要,原因有两点:第一,如果系统在不使用时断开电源,则电池可以用得更久;第二,在以后的实验中,将在机器人的面包板上搭建电路。如果是在教室里,则老师可能会有额外的要求,如断开下载线、把实验器材存放到安全的地方等。总之,做完实验后最重要的一步是断开电源。

断开电源

对 BasicDuino 微控制器而言,断开电源比较容易。将 BasicDuino 微控制器上的三挡电源开关拨到左边的"0"位即可。

该你了

现在断开电源。

工程素质和技能归纳

- 上网查询和下载编程软件。
- 安装软件。
- 连接微控制器与计算机。
- 掌握 DEBUG 指令的格式说明、控制字 DEC 的使用方法。
- 通过编辑器帮助或编程手册查找指令说明。
- 掌握 ASCII 码的使用方法。
- 完成实验后一定要关闭 BasicDuino 微控制器的电源。

第 2 讲　机器人的伺服电机

 学习情境

同各种自动化机械设备一样，机器人的伺服电机是用来将机器人大脑（计算机）发出的运动指令转换为运动动作的部件，相当于肌肉的作用。所谓伺服，就是可以按照指令进行连贯动作，伺服电机就是可以按照指令连续控制位置或速度的电动机。它们不同于传统的直流电动机或交流电动机，传统的电动机不能控制位置或速度，只能以某一种恒定的速度旋转。

伺服电机的种类很多，本书采用的是一种控制简单且使用方便的伺服电机，它最初主要用于航空模型等方向舵的位置控制，因此又称为伺服舵机。本讲教你如何连接、调整及测试机器人的伺服电机，理解和掌握控制伺服电机方向、速度和运行时间的相关指令及编程技术。在把伺服电机安装到机器人底盘之前，必须先熟悉和了解上述内容。

连续旋转伺服电机简介

伺服电机通常不能连续旋转，但本讲介绍的却是一种能够使机器人两个轮子不停旋转的连续旋转伺服电机，如图 2.1 所示。图中给出了该伺服电机的外部配件，这些配件将在本讲或后续几讲中用到。

任务 1：将伺服电机连接至 BasicDuino 微控制器

当把伺服电机连接到 BasicDuino 微控制器上时，需要注意线的插接顺序。伺服电机的 3 根线颜色排列依次为白色、红色、黑色，插接时一定要注意方向，黑色应该接到 BasicDuino 微控制器上 GND 标志的一排，表示连接到电源负极，另外两根线的接法就很清楚了。

第 2 讲 机器人的伺服电机

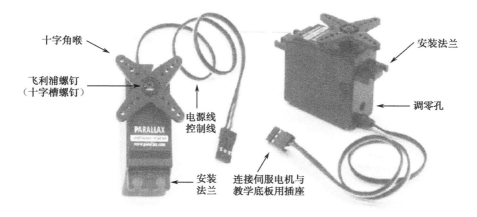

图 2.1 连续旋转伺服电机

连接伺服电机到 BasicDuino 微控制器

把三挡开关拨至"0"挡，切断 BasicDuino 微控制器的电源，如图 2.2 所示。

👀 **注意**：每个伺服电机的控制电缆都有 3 根线，其中，白色线用来传送伺服电机的控制信号，红色线用来连接电源，而黑色线则是地线。这些线的颜色在伺服电机出厂时就已经定义好。许多电气元件都是通过线的颜色来标记电线所承担的功能的。

连接伺服电机和 BasicDuino 微控制器，如图 2.3 所示。

图 2.2 将三挡开关拨至"0"挡　　图 2.3 连接伺服电机和 BasicDuino 微控制器

任务2：伺服电机调零

伺服电机在接收到某一特定的控制信号时，必须能够保持静止，这一特定的控制信号通常被称为零点信号。由于伺服电机在出厂时没有调整好，所以在接收到零点信号时可能会转动，这时要用螺丝刀调节伺服电机模块内的调节电阻，从而让伺服电机保持静止。这就是伺服电机的调零。调整完成之后，要测试伺服电机，验证其功能是否正常。测试程序将发送控制信号让伺服电机沿顺时针和逆时针方向以不同的速度旋转。

调零工具

机器人套件中提供的螺丝刀是本任务需要的工具。

发送零点标定信号

如图2.4所示的信号是发送到与P12端口连接的伺服电机的零点校准信号，称为零点标定信号。如果伺服电机零点已经调节好，则发送这个信号给伺服电机就可以让其保持静止不动。这是一个脉冲时间间隔为20ms、脉冲宽度为1.5ms的脉冲序列信号。

要让机器人的大脑即BasicDuino微控制器能够产生如图2.4所示的零点标定信号，必须用到几个新的PBASIC指令：PULSOUT指令、PAUSE指令和DO...LOOP循环语句。

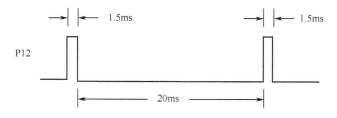

图2.4 零点标定信号的时序图

PULSOUT指令用来让BasicDuino微控制器产生一个5V的电平脉冲，其指令格式和指令参数如下：

    PULSOUT Pin, Duration

指令参数Pin用来确定是给微控制器的哪个I/O端口输出脉冲，而参数Duration则是用来确定脉冲宽度的时间单位数,其时间单位是 2μs。显然,如果知道脉冲要持续多长时间,就可以方便地计算出 PULSOUT 指令的参数 Duration 的值:Duration 变量=脉冲持续时间/2μs。按照此公式,零点标定脉冲的宽度变量为

Duration=0.0015s/0.000002s=750

因此,要给 P12 端口产生如图 2.4 所示的 1.5ms 的高电平脉冲信号,需要输入如下指令:

PULSOUT 12, 750

PULSOUT 指令只产生脉冲,要控制脉冲之间的间隔必须用到 PBASIC 语言的 PAUSE 指令。PAUSE 指令的使用格式如下:

PAUSE Duration

Duration 是 PAUSE 指令的参数,它的值告诉微控制器在执行下一条指令之前要等待多久。Duration 的单位是 1/1000s,即 ms。假如你想等待 1s,则可以给 Duration 赋值 1000。指令如下:

PAUSE 1000

如果想要等待 2s,则表示如下:

PAUSE 2000

因此,要产生如图 2.4 所示的零点标定信号,必须在 PULSOUT 指令后添加如下语句:

PAUSE 20

要持续不断地产生如图 2.4 所示的脉冲序列信号,还必须将 PULSOUT 指令和 PAUSE 指令放到 DO...LOOP 循环中。对于计算机或微控制器而言,它们作为机器人的大脑,与人类或其他生物的大脑相比,具有一个最大的优势就是:它们可以毫无怨言地不断重复做同一件事情。如果你要微控制器不断重复同样的操作,只需将相关的指令放到指令关键词 DO 和 LOOP 之间即可。因此,要让微控制器不断地产生零点标定信号,只需将 PULSOUT 指令和 PAUSE 指令放到 DO 和 LOOP 之间。综上,能够产生如图 2.4 所示零点标定信号的程序如下。

例程：CenterServoP12.bs2

```
' CenterServoP12.bs2
' This program sends 1.5ms pulses to the servo connected to
' P12 for manual centering.
' {$STAMP BS2}
' {$PBASIC 2.5}

DEBUG "Program Running!"

DO
    PULSOUT 12, 750
    PAUSE 20
LOOP
```

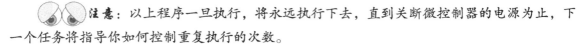注意：以上程序一旦执行，将永远执行下去，直到关断微控制器的电源为止，下一个任务将指导你如何控制重复执行的次数。

最好每次只对一台伺服电机做标定，因为这样的话，在调节伺服电机时你就可以听到（为何用听到，而不用看到？想一想！）什么时候伺服电机停止了。上面的程序只发送零点标定信号到 P12 端口，以下步骤将指导你如何调整伺服电机，使它保持静止状态。在调节完连接到 P12 端口上的伺服电机后，用同样的方法调节连接到 P13 端口的伺服电机。

● 将 BasicDuino 微控制器上的三挡电源开关拨到"2"挡，打开电源。

● 输入、保存并运行程序 CenterServoP12.bs2。

如果伺服电机没有进行零点标定，那么它的十字角喉就会转动，而且也能听到伺服电机转动的响声。

● 当伺服电机没有进行零点标定时，可以按照如图 2.5 所示的步骤，用螺丝刀轻轻调节伺服电机上的电位器，直到伺服电机停止转动（仔细倾听伺服电机的声音，确信伺服电

第 2 讲 机器人的伺服电机

机已经停止转动）。
- 验证连接到 P12 端口的信号监视电路的 LED 灯是否发光，如果发光，则表明零点标定脉冲已经发送给连接到 P12 端口上的伺服电机了。

如果伺服电机已经完成了零点标定，那么它就不会转动。但是损坏了或有故障的伺服电机有时也不转动。任务 4 将在伺服电机安装到机器人底盘之前排除这种可能。

- 如果伺服电机确实不再转动，则可以自行对连接到 P13 端口的伺服电机进行测试并做零点标定。

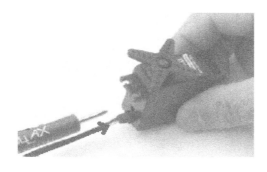

（a）将螺丝刀插入伺服电机的电位器调节孔　　　（b）轻轻地旋转螺丝刀调节电位器

图 2.5　伺服电机零点标定

👉 该你了——对连接到 P13 端口的伺服电机做零点标定

利用下面的程序对连接到 P13 端口的伺服电机重复上述调试过程。

例程： CenterServoP13.bs2

```
' CenterServoP13.bs2
' This program sends 1.5ms pulses to the servo connected to
' P13 for manual centering.
' {$STAMP BS2}
' {$PBASIC 2.5}
```

DEBUG "Program Running!"

DO
    PULSOUT 13, 750
    PAUSE 20
LOOP

注意：如果上述任务完成后不再进行后面的任务，那么一定要记得将 BasicDuino 微控制器的电源断开。

任务 3：如何保存数值和计数

在任务 2 中，已经知道如何使用循环语句让微控制器不断地产生零点标定信号了，但是在具体应用中，并不总是需要机器人永远执行同一个操作或任务，而只希望它执行一段指定的时间或执行一个固定的次数。这时，就要在程序中用到变量了。

变量用来保存数值。无论是机器人程序还是其他程序，在很大程度上都要依赖使用变量。用变量保存数值的最主要作用就是程序能用这些变量来计数。一旦程序能计数，就可以控制和跟踪事件发生的次数了。

用变量存储数值，进行数学运算和计数

变量可以用来存储数值。PBASIC 语言在使用一个变量之前，要先给该变量起一个名字，并说明该变量的大小类型，这叫声明一个变量。声明一个变量的 PBASIC 语法如下：

    variableName VAR Size

在实际声明变量时，用自己起的名字代替 variableName。Size 用来说明变量的大小类型，在 PBASIC 程序中可以声明的变量类型如下：

Bit——存储 0 或 1。

Nib——用来存储 0~15 中的任意数值。

Byte——用来存储 0～255 中的任意数值。

Word——用来存储 0～65 535 中的任意数值或-32 768～32 767 中的任意数值。

注意：为何有上述特定的变量类型大小呢？请参考二进制的说明。

下面的例程包含了两个"Word"大小的变量：

    value VAR Word

    anotherValue VAR Word

在声明变量之后，可以对它们进行初始化，即给它们赋一个初始值：

    value = 500

    anotherValue = 2000

在"value = 500"中，符号"="是一个赋值运算符，可以利用一些其他运算符和变量进行数学运算。下面是两个乘法运算的例子：

    value = 10 * value

    anotherValue = 2 * value

例程：VariablesAndSimpleMath.bs2

这个例程说明了如何对变量进行声明、初始化和运算。
- 在运行程序之前，预测一下 DEBUG 指令要显示的内容。
- 输入、保存并运行程序 VariablesAndSimpleMath.bs2。
- 和预测进行对比，看看有何不同。如果不同，分析是什么原因造成的。

```
' VariablesAndSimpleMath.bs2
' Declare variables and use them to solve a few arithmetic problems.
' {$STAMP BS2}
' {$PBASIC 2.5}


value VAR Word        ' Declare variables
```

```
anotherValue VAR Word
value = 500 ' Initialize variables
anotherValue = 2000
DEBUG ? value ' Display values
DEBUG ? anotherValue
value = 10 * anotherValue ' Perform operations
DEBUG ? value ' Display values again
DEBUG ? anotherValue
END
```

程序 VariablesAndSimpleMath.bs2 是如何工作的

下面的代码定义了两个变量：value 和 anotherValue。

```
value VAR Word ' Declare variables
anotherValue VAR Word
```

然后，初始化变量，即给刚刚声明的变量赋初始值。这两条指令执行后，value 的值是 500，anotherValue 的值是 2000。

```
value = 500 ' Initialize variables
anotherValue = 2000
```

随后的 DEBUG 指令帮助你了解初始化变量后每个变量存储的数值。因为给 value 赋值 500，anotherValue 赋值 2000，因此 DEBUG 指令向调试终端发送信息"value = 500"和"anotherValue = 2000"并显示。

```
DEBUG ? value ' Display values
DEBUG ? anotherValue
```

这里又新引入了一个 DEBUG 指令的格式说明字符"?"，该格式说明字符用在一个变量名之前，使 DEBUG 终端显示其名称及存储在该变量中的数值，然后回车。这对于查询一个变量的内容非常方便。

执行下面三行代码后在调试终端将显示什么呢？答案是：value 的值是 anotherValue 值的 10 倍，因为 anotherValue 的值是 2000，所以 value 的值就是 20 000，而变量 anotherValue 的值不变。

  value = 10 * anotherValue ' Perform operations

  DEBUG ? value ' Display values again

  DEBUG ? anotherValue

该你了——用负数计算

如果你想做一些包含负数的计算，则可以使用 DEBUG 指令的 SDEC 格式说明来显示。下面的例子能通过修改程序 VariablesAndSimpleMath.bs2 得到。

- 删除程序 VariablesAndSimpleMath.bs2 中以下部分：

  value = 10 * anotherValue ' Perform operations

  DEBUG ? value ' Display values again

- 改成如下代码：

  value = value - anotherValue ' Answer = -1500

  DEBUG "value = ", SDEC value, CR ' Display values again

- 运行更改后的程序并验证 value 的值是否由 500 变为-1500。

计数并控制循环次数

控制一段代码执行次数的简便方法是利用 FOR…NEXT 循环语句，其语法如下：

  FOR Counter = StartValue TO EndValue {STEP StepValue} ... NEXT

省略号"…"表示可以在 FOR 和 NEXT 之间放一条或多条程序指令。使用这个循环语句前要确保先声明一个变量替代参数 Counter。参数 StartValue 和 EndValue 可以是数值，也可以是变量。在语法描述中位于大括号 { } 之间的代码表示可选参数。换句话说，没有它，FOR…NEXT 仍将工作，但是可以将它用于一些特殊目的。

没有必要一定要将变量命名为"Counter"。例如，可以将它命名为"myCounter"：

  myCounter VAR Word

下面是一个用 myCounter 来计数的 FOR…NEXT 循环例程。每执行一次循环，它就会显示 myCounter 的值。

例程： CountToTen.bs2

输入、保存并运行程序 CountToTen.bs2。

```
' CountToTen.bs2
' Use a variable in a FOR...NEXT loop.
' {$STAMP BS2}
' {$PBASIC 2.5}

myCounter VAR Word
FOR myCounter = 1 TO 10
    DEBUG ? myCounter
    PAUSE 500
NEXT
DEBUG CR, "All done!"
END
```

该你了——不同的初始值和终值及计数步长

可以给变量 StartValue 和 EndValue 赋不同的值。
- 修改 FOR…NEXT 循环如下：

```
FOR myCounter = 21 TO 9
    DEBUG ? myCounter
    PAUSE 500
NEXT
```

- 运行修改后的程序。BasicDuino 微控制器用向下计数代替向上计数，你注意到了吗？

只要 StartValue 的值大于 EndValue 的值,程序就会这样运行。

还记得可选参数{STEP StepValue}吗?可以用它来使 myCounter 以不同的步长计数。例如,你可以让它每次增加 2(9,11,13,…)或增加 5(10,15,20,…)或任何你给出的 StepValue,递增或递减都可以。下面的例子是以 3 为步长向下计数。

- 增加 STEP 3 到 FOR…NEXT 循环中,代码如下:

  FOR myCounter = 21 TO 9 STEP 3
  　　DEBUG ? myCounter
  　　PAUSE 500
  NEXT

- 运行更改后的程序,验证程序是否以 3 为步长递减。

任务 4:测试伺服电机

在装配机器人之前还有最后一件事要做,那就是测试伺服电机。在本任务中,将运行程序使伺服电机以不同的速度和方向旋转,通过测试可以确保在装配前伺服电机工作是正常的。

这是一个子系统测试的例子。对子系统进行测试是软件开发过程中应具备的好习惯,这是为了在组装之前尽量修正可能出现的一些问题。

所谓子系统测试是指在将一些分立的部件组装成一个更大的设备之前,先对各分立部件进行测试。在进行机器人竞赛时,这对于赢得比赛很有帮助。对于工程师而言,无论是开发玩具、汽车和视频游戏,还是开发航天飞机或火星机器人,这都是一个最基本的技能。特别是在非常复杂的设备中,如果事先没有对子系统进行测试,那么要找出存在的问题几乎是不可能的。例如,在太空项目中,如果要拆开一个设备以进行维修,将耗费数百万美元。因此,在这样的项目中,必须对所有子系统进行彻底而严格的测试。

用脉冲宽度控制伺服电机的速度和方向

回忆前面学习的伺服电机零点标定内容,用脉冲宽度为 1.5ms 的控制信号使伺服电机保持不动,这是通过给 PULSOUT 指令的参数 Duration 赋值 750 来实现的。那么,如果控制信号的脉冲宽度(简称脉宽)不是 1.5ms,结果会怎样呢?

现在通过编程发送一系列 1.3ms 的脉冲给伺服电机,仔细研究该脉冲是如何控制伺服电机的。如图 2.6 所示是用脉宽为 1.3ms 的控制信号使伺服电机全速顺时针旋转,全速的范围是 50～60r/min,即约每秒转一转。

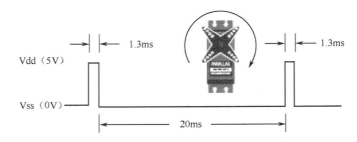

图 2.6 用脉宽为 1.3ms 的脉冲信号使伺服电机全速顺时针旋转

你可以用下面的程序 ServoP13Clockwise.bs2 将这些脉冲信号发送给 P13 端口。

例程: ServoP13Clockwise.bs2

- 输入、保存并运行程序 ServoP13Clockwise.bs2。
- 验证伺服电机的输出轴是否顺时针旋转,并且验证旋转速度是否为 50～60r/min。

```
' ServoP13Clockwise.bs2
' Run the servo connected to P13 at full speed clockwise.
' {$STAMP BS2}
' {$PBASIC 2.5}

DEBUG "Program Running!"

DO
    PULSOUT 13, 650
    PAUSE 20
LOOP
```

第 2 讲 机器人的伺服电机

注意：要产生 1.3ms 的脉冲需要令 PULSOUT 指令的参数 Duration 的值为 650，这是一个小于 750 的数。当所有的脉宽都小于 1.5ms，即 PULSOUT 指令的参数 Duration 的值小于 750 时，才能使伺服电机顺时针旋转。在进行上述验证时，一定要将伺服电机连接到控制端口上并接上电源。

例程： ServoP12Clockwise.bs2

将 PULSOUT 指令的参数 Pin 的值由 13 改为 12，就可以使连接到 P12 端口的伺服电机以全速顺时针旋转了。
- 把程序 ServoP13Clockwise.bs2 另存为 ServoP12Clockwise.bs2。
- 把 PULSOUT 指令的参数 Pin 的值由 13 改为 12，修改注释。
- 运行程序，验证连接到 P12 端口的伺服电机是否顺时针旋转，并且验证其旋转速度是否为 50～60r/min。

```
' ServoP12Clockwise.bs2
' Run the servo connected to P12 at full speed clockwise.
' {$STAMP BS2}
' {$PBASIC 2.5}

DEBUG "Program Running!"

DO
    PULSOUT 12, 650
    PAUSE 20
LOOP
```

例程： ServoP12Counterclockwise.bs2

你可能已经猜到将 PULSOUT 指令的参数 Duration 的值设置为大于 750 会使伺服电机逆时针旋转。令参数 Duration 的值为 850 可以产生 1.7ms 脉宽的脉冲信号，如图 2.7 所示，这将使伺服电机全速逆时针旋转。

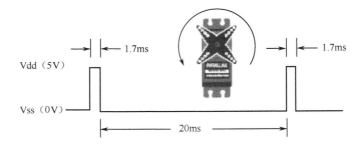

图 2.7 用脉宽为 1.7ms 的脉冲信号使伺服电机全速逆时针旋转

- 将程序 ServoP12Clockwise.bs2 另存为 ServoP12Counterclockwise.bs2。
- 把 PULSOUT 指令的参数 Duration 的值改为 850。
- 运行程序，验证连接到 P12 端口的伺服电机是否逆时针旋转，并且验证其旋转速度是否为 50～60r/min。

```
' ServoP12Counterclockwise.bs2
' Run the servo connected to P12 at full speed counterclockwise.
' {$STAMP BS2}
' {$PBASIC 2.5}


DEBUG "Program Running!"

DO
    PULSOUT 12, 850
    PAUSE 20
LOOP
```

修改上述例程中 PULSOUT 指令的参数 Pin 的值，使连接到 P13 端口的伺服电机全速逆时针旋转。

第 2 讲 机器人的伺服电机

例程： ServosP13CcwP12Cw.bs2

可以使用两个 PULSOUT 指令使两个伺服电机同时旋转，也可以使它们向相反的方向旋转。
- 输入、保存并运行程序 ServosP13CcwP12Cw.bs2。
- 运行程序，验证连接到 P13 端口的伺服电机是否全速逆时针旋转，而连接到 P12 端口的伺服电机是否全速顺时针旋转。

```
' ServosP13CcwP12Cw.bs2
' Run the servo connected to P13 at full speed counterclockwise
' and the servo connected to P12 at full speed clockwise.
' {$STAMP BS2}
' {$PBASIC 2.5}

DEBUG "Program Running!"

DO
    PULSOUT 13, 850
    PULSOUT 12, 650
    PAUSE 20
LOOP
```

想一想：当伺服电机安装在机器人底盘的两侧时，一个顺时针旋转，而另一个逆时针旋转，这将使机器人沿直线运动。听起来是否有些奇怪？如果你无法理解，试试这样：把两个伺服电机背靠背放在一起重新运行程序。

该你了——调整速度和方向

当两个伺服电机全速转动时，两个 PULSOUT 指令的参数 Duration 有 4 种不同的组合，在后面编写机器人的运动程序时，这些组合经常会被用到。程序 ServosP13CcwP12Cw.bs2 应

用了这些组合中的一种,即将 850 给 P13,将 650 给 P12。通过测试不同的运动组合并填写表 2-1 的运动描述栏,慢慢熟悉这些组合并自己建立一个参考。当机器人安装完成后,尝试一下这些运动组合,填写表 2-1 的实际运动行为栏,就会看到每种数据组合将使机器人怎样运动。

下面采用表 2-1 中 PULSOUT 指令的参数 Duration 组合,将结果填写到运动描述栏中。

表 2-1 PULSOUT 指令的参数 Duration 组合

P13	P12	运 动 描 述	实际运动行为
850	650	全速,P13 连接的伺服电机逆时针旋转,P12 连接的伺服电机顺时针旋转	
650	850		
850	850		
650	650		
750	850		
650	750		
750	750	两个伺服电机都静止,因为在任务 2 中对伺服电机进行了零点标定	
760	740		
770	730		
850	700		
800	650		

用 FOR…NEXT 循环语句控制伺服电机的运行时间

到目前为止,你已经完全理解了用脉冲宽度控制伺服电机连续旋转速度和方向的原理。控制伺服电机旋转速度和方向的方法非常简单,还有一个简单的方法可以控制伺服电机运行的时间,那就是用 FOR…NEXT 循环语句。

下面是采用 FOR…NEXT 循环语句的例子,它会使伺服电机运行几秒。

```
FOR counter = 1 TO 100
    PULSOUT 13, 850
    PAUSE 20
NEXT
```

第 2 讲 机器人的伺服电机

计算一下这段代码能使伺服电机运行的确切时间。每执行一次循环，PULSOUT 指令将持续 1.7ms，PAUSE 指令持续 20ms，执行一次循环大概额外需要 1.3ms，因此，FOR…NEXT 循环整体执行一次的时间是 1.7ms+20ms+1.3ms=23.0ms，本循环执行 100 次，就是 23.0ms 乘以 100，时间=100×23.0ms=100×0.023s=2.3s。

如果要让伺服电机运行 4.6s，则 FOR…NEXT 循环必须执行上述程序两倍的次数。具体代码如下：

```
FOR counter = 1 TO 200
    PULSOUT 13, 850
    PAUSE 20
NEXT
```

例程：ControlServoRunTimes.bs2

- 输入、保存并运行程序 ControlServoRunTimes.bs2。
- 验证程序运行效果是否为：与 P13 端口连接的伺服电机先逆时针旋转 2.3s，与 P12 端口连接的伺服电机再逆时针旋转 4.6s。

```
' ControlServoRunTimes.bs2
' Run the P13 servo at full speed counterclockwise for 2.3s, then
' run the P12 servo for twice as long.
' {$STAMP BS2}
' {$PBASIC 2.5}

DEBUG "Program Running!"
counter VAR Byte

FOR counter = 1 TO 100
    PULSOUT 13, 850
    PAUSE 20
```

```
    NEXT

FOR counter = 1 TO 200
    PULSOUT 12, 850
    PAUSE 20
NEXT


END
```

假如想让两个伺服电机同时运行，则向与 P13 端口连接的伺服电机发出脉宽为 850 的脉冲信号，向与 P12 端口连接的伺服电机发出脉宽为 650 的脉冲信号，现在执行一次循环要用的时间是：

1.7ms——与 P13 端口连接的伺服电机。

1.3ms——与 P12 端口连接的伺服电机。

20ms——中断持续时间。

1.6ms——代码执行时间。

则总共是 24.6ms。

如果想使伺服电机运行一段确定的时间，则可以计算出需要循环的次数（或需要发出的脉冲数量）如下：

$$脉冲数量=时间/0.0246$$

假如你想让伺服电机运行 3s，则计算如下：

$$脉冲数量=3/0.0246=122$$

现在，可以将 FOR…NEXT 循环中参数 EndValue 的值设为 122，程序如下：

```
FOR counter = 1 TO 122
    PULSOUT 13, 850
    PULSOUT 12, 650
    PAUSE 20
NEXT
```

第 2 讲 机器人的伺服电机

例程：BothServosThreeSeconds.bs2

下面的程序是让两个伺服电机均先向一个方向旋转 3s，再反向旋转 3s 的例子。
● 输入、保存并运行程序 BothServosThreeSeconds.bs2。

```
' BothServosThreeSeconds.bs2
' Run both servos in opposite directions for three seconds, then reverse
' the direction of both servos and run another three seconds.

' {$STAMP BS2}
' {$PBASIC 2.5}

DEBUG "Program Running!"
counter VAR Byte

FOR counter = 1 TO 122
    PULSOUT 13, 850
    PULSOUT 12, 650
    PAUSE 20
NEXT


FOR counter = 1 TO 122
    PULSOUT 13, 650
    PULSOUT 12, 850
    PAUSE 20
NEXT
```

END

- 验证一下每个伺服电机是否先向一个方向运行 3s 后再反方向运行 3s。你是否注意到当伺服电机同时反向时,它们总是保持以相反的方向运行?这有什么作用呢?

该你了——预计伺服电机运行时间

- 设定一个想让伺服电机运行的时间。
- 用 0.024 去除时间。
- 得到的结果就是程序需要执行的循环次数。
- 更改程序 BothServosThreeSeconds.bs2,使两个伺服电机都按所设定的时间运行。
- 比较预计的时间与实际运行的时间之差。

注意:做完实验后断开系统的电源。

工程素质和技能归纳

- 掌握伺服电机的接线方式。
- 掌握伺服电机的零点校准方法及 PULSOUT、PAUSE 和循环指令的使用方法。
- 掌握变量的使用方法和循环次数的计算方法。
- 能够完成伺服电机测试和子系统测试。
- 能够控制两个伺服电机同时运行及设置伺服电机的运行时间。

第3讲 机器人的组装和测试

学习情境

前两讲已经学习了机器人的大脑和执行机构的使用方法,现在是时候将它们集成到一起组装成机器人了。之所以叫作基础机器人,是因为它非常简单,组装和编程都很容易。简单到何种程度,通过本讲的学习就会有直接的体会了。这里的基础机器人是一款两轮驱动的小型自主移动机器人,通过组装和测试,可以为后续几讲讲解基础机器人的导航运动和基于传感器的运动控制搭建一个实验和实践的平台。

本讲需要完成以下任务。
（1）组装机器人。
（2）测试伺服电机是否连接正确。
（3）连接并测试蜂鸣器,蜂鸣器能让你知道什么时候电池电压偏低。
（4）用调试终端控制并测试伺服电机的速度。

任务1：组装机器人

如图 3.1 所示是基础机器人车体,接下来我们一起来看一下怎么制作一台轮式机器人。

需要的零件

① L 型 2×2 连接件 6 个
② 2×10 板件 2 个
③ 2×11 板件 2 个
④ 开槽杆件 5 个
⑤ 钢珠 1 个
⑥ 万向轮 2 个
⑦ 不锈钢螺钉 2 个
⑧ 不锈钢六角螺母 2 个
⑨ 垫圈筒 2 个
⑩ 铆钉 18 个
⑪ 十字沉头 M3×10 螺钉（黑色尼龙）2 个
⑫ 十字沉头 M3×6 螺钉（黑色尼龙）38 个
⑬ 车轮固定螺钉 2 个
⑭ M3 六角螺母（透明）24 个

⑮ 单通 M3×10+6 六角螺柱（黑色尼龙）2 个
⑯ 单通 M3×12+6 六角螺柱（黑色尼龙）2 个
⑰ 单通 M3×15+6 六角螺柱（黑色尼龙）10 个
⑱ 双通 M3×30 六角螺柱（黑色尼龙）4 个
⑲ 双通 M3×35 六角螺柱（黑色尼龙）2 个
⑳ 电池盒 1 个
㉑ 拓展盖板 1 个
㉒ 车轮 2 个
㉓ BasicDuino 微控制器 1 个
㉔ QTI 传感器（绿色）4 个
㉕ 面包板 1 个
㉖ 伺服舵机 2 个
㉗ 扎带 1 条
㉘ 杜邦线 4 条
㉙ 椭圆形金色 QC 标贴 1 个

图 3.1 基础机器人车体

需要的工具

① 螺丝刀 1 把　　　　　　　　　② 尖嘴钳 1 把

组装步骤

第一步：把铆钉安装在机器人板件上，如图 3.2 所示。

第3讲 机器人的组装和测试

图 3.2　在板件上安装铆钉

注意：8 个铆钉要拧紧，操作时应注意双手的配合！

第二步：安装开槽杆件，如图 3.3 所示。

图 3.3　安装开槽杆件

注意：4 个铆钉的安装位置一定要准确！

· 43 ·

第三步:安装螺柱,如图 3.4 所示。

图 3.4　安装螺柱

注意:螺柱的大小和型号一定要正确!

第四步:安装伺服舵机,如图 3.5 所示。

图 3.5　安装伺服舵机

注意:伺服舵机的安装位置要用杆件固定好,铆钉的位置要正确!

第3讲 机器人的组装和测试

第五步：安装伺服电池盒，如图3.6所示。

图3.6 安装伺服电池盒

注意：电池盒要固定安装到开槽杆件中间！

第六步：安装车轮和万向轮，如图3.7所示。

图3.7 安装车轮和万向轮

注意：安装车轮时，将防滑带套到轮子上需要一些技巧和力量！如果防滑带太紧，可以先使劲拉伸几次，让它松软一些，然后再套在轮子上！

第七步：安装 BasicDuino 微控制器和面包板，如图 3.8 所示。

图 3.8　安装 BasicDuino 微控制器和面包板

注意：螺柱的大小和型号要准确，微控制器和面包板的位置要正确！

第八步：安装 QTI 传感器并接线，如图 3.9 所示。

图 3.9　安装 QTI 传感器并接线

注意：QTI 传感器和固定杆件的安装位置要准确，QTI 传感器和伺服舵机的接线不能接错！

任务 2：重新测试伺服电机

机器人组装好后必须重新进行测试，以确保 BasicDuino 微控制器和伺服电机之间的电气连接正确。

测试右轮

下面的例程用来测试连接右轮的伺服电机，程序将使右轮先顺时针旋转 3s，再停止 1s，最后逆时针旋转 3s。

例程：RightServoTest.bs2

- 将机器人架起来，使右轮悬空。
- 把电池装到电池盒中。
- 将 BasicDuino 微控制器上的三挡电源开关拨到 "2" 位。
- 输入、保存并运行程序 RightServoTest.bs2。
- 验证右轮是否先顺时针旋转 3s，再停止 1s，最后逆时针旋转 3s。
- 如果右轮和伺服电机的运动与预期不同，则参考本例程后面的伺服电机故障排除部分。
- 如果结果正确，跳到 "该你了" 部分，用同样的方法测试左轮。

```
' RightServoTest.bs2
' Right servo turns clockwise three seconds, stops 1 second, then
' counterclockwise three seconds.

' {$STAMP BS2}
' {$PBASIC 2.5}

DEBUG "Program Running!"
counter VAR Word
```

```
FOR counter = 1 TO 122 ' Clockwise just under 3 seconds.
    PULSOUT 12, 650
    PAUSE 20
NEXT

FOR counter = 1 TO 40 ' Stop one second.
    PULSOUT 12, 750
    PAUSE 20
NEXT

FOR counter = 1 TO 122 ' Counterclockwise three seconds.
    PULSOUT 12, 850
    PAUSE 20
NEXT

END
```

伺服电机故障排除——一些常见的故障现象和维修方法

（1）伺服电机根本不转。
- 确定 BasicDuino 微控制器上的三挡电源开关拨到了"2"位，然后按下并释放复位键，重新运行程序。
- 参照图 2.3 仔细检查伺服电机的接线。
- 检查程序输入是否正确。

（2）右边的伺服电机不转，但是左边的伺服电机旋转。
这意味着两个伺服电机接反了，连接到 P12 端口的伺服电机应该连接到 P13 端口，而连接到 P13 端口的伺服电机应该连接到 P12 端口。
- 断开电源，拔下伺服电机插头。

- 把原来连接到 P12 端口的伺服电机连接到 P13 端口，把原来连接到 P13 端口的伺服电机连接到 P12 端口。
- 打开电源，重新运行程序 RightServoTest.bs2。

（3）轮子不能完全停下来，而是缓慢地旋转。

这意味着伺服电机可能没有正确调零。可以调节程序让伺服电机停止，即通过修改 PULSEOUT 12,750 语句的参数 750 让伺服电机停止。

- 如果轮子缓慢地逆时针旋转，则换一个比 750 小一点的数。
- 如果轮子缓慢地顺时针旋转，则换一个比 750 大一点的数。
- 如果在 740～760 中找到了一个数能让伺服电机完全停止，则用这个数代替程序中所有 PULSEOUT 12,750 语句中的 750。

（4）轮子在顺时针旋转和逆时针旋转之间不停止。

车轮可能快速地朝一个方向旋转 3s，然后向另一个方向旋转 4s；可能快速地旋转 3s，然后慢速地旋转 1s，之后又快速地旋转 3s；还可能快速地朝一个方向旋转 7s。不管怎样，都说明伺服电机的电位器失调。

- 拆除轮子，取下伺服电机。
- 重新执行第 2 讲中的任务 2，完成伺服电机调零。

该你了——测试左轮

现在在左轮上做同样的测试，更改程序 RightServoTest.bs2，发送 PULSOUT 指令到连接 P13 端口的伺服电机，而不是连接 P12 端口的伺服电机，即将 3 条语句中的"PULSOUT 12"修改为"PULSOUT 13"。

- 将程序 RightServoTest.bs2 另存为 LeftServoTest.bs2。
- 更改 3 条语句中的"PULSOUT 12"为"PULSOUT 13"。
- 保存并运行程序。
- 验证左轮是否先顺时针旋转 3s，再停止 1s，最后逆时针旋转 3s。
- 如果左轮和伺服电机的运动与预期不同，则参考前面的伺服电机故障排除部分。
- 如果左轮和伺服电机的运动与预期相同，则说明机器人已调试好，可以准备执行下面的任务了。

任务3：开始/复位指示电路和编程

当电源电压低于设备正常工作所需的电压时，叫作欠压。发生欠压时，BasicDuino 微控制器可以使其处理器和内存芯片处于休眠状态来进行自我保护，直到电源电压恢复到正常水平为止。当 BasicDuino 微控制器的电源电压 Vin 低于 5.2V 时，BasicDuino 微控制器内部的电压整流输出将低于 4.3V，BasicDuino 微控制器上的欠压检测电路就会检测到欠压已经发生，马上使处理器和程序内存芯片进入休眠状态。当电源电压回升到 5.2V 以上时，BasicDuino 微控制器又开始运行，但不是从程序中断的地方运行，而是从头开始重新运行，就像拔掉电源插头又插上或按下 BasicDuino 微控制器上的复位键后又释放一样。

当机器人的电池电压过低时，欠压会使程序重启，这将导致机器人行为混乱。一种可能的情况是：机器人正在按程序规定的路线行走，突然它好像迷路了一样不再按照原来规定的路线行走。另外一种可能的情况是：机器人程序不断地反复重启，机器人不再行走。

为了防止这种现象的发生，可以为机器人编写一个重新开始指示程序作为机器人的诊断工具。一种指示程序重启的方法是在所有机器人程序的开始处包含一个不会错过的信号指示，这个信号在每次打开电源或每次电压过低导致程序复位时都会产生。一种有效表明程序重启的方法是扬声器，它在程序每次从头开始运行或重启时均会发出声音。

其实，所有的自动化设备都有这个功能，就像人们每天使用的台式计算机，在每次开启或复位时都会听到"滴"的一声。本任务就是学习如何为机器人设计和实现这个功能。首先介绍压电扬声器，它可以产生音调。该扬声器能从 BasicDuino 微控制器中接收不同频率的高低信号，然后产生不同的音调。如图 3.10 所示是压电扬声器的电气符号和零件图。下面通过编程实现当 BasicDuino 微控制器重启时扬声器可以发出声音。

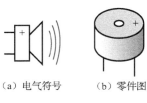

（a）电气符号　　（b）零件图

图 3.10　压电扬声器

部件清单

- 已经过测试的机器人。
- 扬声器 1 个。
- 连接线若干。

搭建开始/复位指示电路

如图 3.11 所示是扬声器报警指示电路,而图 3.12 是其实际接线电路。

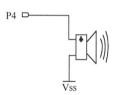

图 3.11 扬声器报警指示电路　　　　图 3.12 扬声器报警指示实际接线电路

按照图 3.11 和图 3.12 在机器人面包板上搭建开始/复位指示电路。

对开始/复位指示电路编程

下面的例程用于测试扬声器。程序采用 FREQOUT 指令给扬声器发送精确定时的高低电平信号。FREQOUT 指令的语法格式如下:

FREQOUT Pin, Duration, Freq1 {,Freq2}

下面的 FREQOUT 指令将用于下面的例程。

FREQOUT 4, 2000, 3000

参数 Pin 的值是 4，这意味着高低电平信号将被送至 P4 端口；参数 Duration 的值为 2000，代表着高低电平信号持续的时间是 2000，即 2000ms（2s）；参数 Freq1 代表信号的频率，Freq1 的值为 3000，代表着将产生一个 3000Hz 频率的音调。

例程：StartResetIndicator.bs2

该例程在开始执行时让扬声器发出声音，然后每半秒发一个 DEBUG 信息。因为信息位于 DO…LOOP 循环之间，所以这些信息将一直持续显示。如果程序运行到 DO…LOOP 循环之间时电源中断，则程序将从头开始执行。当程序重新开始时，将再一次发出声音。你可以模仿电源欠压时的情景：按下并释放 BasicDuino 微控制器上的复位键或断开再接通 BasicDuino 微控制器上的电源插头。

- 重新接通 BasicDuino 微控制器上的电源。
- 输入、保存并运行程序 StartResetIndicator.bs2。
- 验证在"Waiting for reset…"信息显示在调试终端之前，扬声器是否发出清晰且持续 2s 的响声。
- 如果没有听到声音，则检查接线和程序代码，直到听到扬声器发出清晰的声音为止。
- 如果听到声音，则按下并释放 BasicDuino 微控制器上的复位键，模拟电源欠压的情况，验证扬声器是否在每一次复位之后都能发出清晰的声音。
- 断开再接通电源，再次验证扬声器是否能发出声音。

```
' StartResetIndicator.bs2
' Test the piezospeaker circuit.
' {$STAMP BS2}                       ' Stamp directive.
' {$PBASIC 2.5}                      ' PBASIC directive.

DEBUG CLS, "Beep!!!"                 ' Display while speaker beeps.
FREQOUT   4, 2000, 3000              ' Signal program start/reset.
```

```
DO                                          ' DO...LOOP
    DEBUG CR, "Waiting for reset ..."       ' Display a message
    PAUSE 500                               ' every 0.5 seconds
LOOP                                        ' until hardware reset.
```

程序 StartResetIndicator.bs2 的工作原理

程序 StartResetIndicator.bs2 一开始显示信息"Beep!!!!"，在信息显示完后，FREQOUT 指令立刻使扬声器发出 3000Hz 的声音并持续 2s。由于程序执行得很快，以至于信息显示和扬声器发出声音好像同时发生一样。

扬声器响过后，程序进入 DO...LOOP 循环，一遍遍地显示相同的信息"Waiting for reset…"。每次 BasicDuino 微控制器上的复位键被按下再释放或电源被断开再接通时，程序均重新开始显示"Beep!!!!"信息并发出 3000Hz 的声音。

☞ 该你了——将程序 StartResetIndicator.bs2 加到另一个程序中

上述指示程序中的两行代码可以加入到本讲之前的每个例程的开始处。你可以把它当作机器人程序的"初始化过程"或"引导过程"的一部分。

所谓初始化过程是指在一个设备或程序启动时所必须执行的所有指令，通常包括一些变量的赋值和发出报警的声音等，对于复杂的设备，则需要自检和标定。

任务 4：用调试终端测试速度

本任务要制作一个速度和脉宽的关系曲线图，如图 3.13 所示的调试终端窗口能帮助你加快作图过程。可以通过该窗口的传送窗格（Transmit Windowpane）给 BasicDuino 微控制器发送信息，通过发送信息告诉 BasicDuino 微控制器发送给伺服电机的脉宽是多少，然后测量在不同脉宽下伺服电机的运行速度。

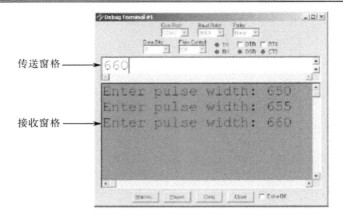

图 3.13 调试终端窗口

使用 DEBUGIN 指令

到目前为止,你应该已经熟悉了 DEBUG 指令,并且知道了它是如何让 BasicDuino 微控制器发送信息给调试终端窗口的。显示信息的地方叫作接收窗格,用于显示从 BasicDuino 微控制器接收到的信息。调试终端还有一个传送窗格,它允许在程序运行时发送信息给 BasicDuino 微控制器。可以利用 DEBUGIN 指令使 BasicDuino 微控制器接收输入到传送窗格中的值,并将其存储到一个或几个变量中。

DEBUGIN 指令将输入到传送窗格中的值存入一个变量中。在下面的例程中,字变量 pulseWidth 将被用来存储 DEBUGIN 指令接收到的值。

pulseWidth VAR Word

现在用 DEBUGIN 指令来获取输入到传送窗格中的十进制数值,并将其存储到变量 pulseWidth 中。

DEBUGIN DEC pulseWidth

后面的程序可以使用此值,在本任务中该值用在 PULSOUT 指令的参数 Duration 中。

PULSOUT 12, pulseWidth

例程: TestServoSpeed.bs2

```
' TestServoSpeed.bs2
' Enter pulse width, then count revolutions of the wheel.
' The wheel will run for 6 seconds
' Multiply by 10 to get revolutions per minute (r/min).
'{$STAMP BS2}
'{$PBASIC 2.5}

counter VAR Word
pulseWidth VAR Word
pulseWidthComp VAR Word

FREQOUT 4, 2000, 3000 ' Signal program start/reset.

DO
    DEBUG "Enter pulse width: "
    DEBUGIN DEC pulseWidth
    pulseWidthComp = 1500-pulseWidth
    FOR counter = 1 TO 244
        PULSOUT 12, pulseWidth
        PULSOUT 13, pulseWidthComp
        PAUSE 20
    NEXT
LOOP
```

该程序允许你通过调试终端的传送窗格给 PULSOUT 指令的参数 Duration 赋值。

- 将机器人架起来，使其轮子不能着地。
- 输入、保存并运行程序 TestServoSpeed.bs2。
- 用鼠标指向调试终端窗口的传送窗格，激活光标以便输入。
- 输入 650，然后按回车键。
- 验证伺服电机是否全速顺时针旋转 6s。

当伺服电机完成旋转后，将提示你输入另一个值。

- 输入 850，然后按回车键。
- 验证伺服电机是否全速逆时针旋转 6s。

试着测试轮子在脉宽为 650～850 时的旋转速度，以 r/min（每分钟转动的转数）为单位。下面给出具体的测试过程。

- 在轮子上贴一个标记，这样就可以知道它在 6s 内旋转了几转。
- 使用调试终端测量轮子在下述脉宽参数下转过的转数：650，660，670，680，690，700，710，720，730，740，750，760，770，780，790，800，810，820，830，840，850。
- 对于每一个脉宽，转动的转数乘以 10 即得转速（单位是 r/min）。例如，如果轮子转了 3.65 转，那么转速为 36.5r/min。
- 请分析说明如何通过脉宽来控制伺服电机的旋转速度。

程序 TestServoSpeed.bs2 是如何工作的

首先声明 3 个变量，分别是 FOR…NEXT 循环的 counter 变量、DEBUGIN 指令和第一个 PULSOUT 指令的 pulseWidth 变量以及第二个 PULSOUT 指令的 pulseWidthComp 变量。

```
counter VAR Word
pulseWidth VAR Word
pulseWidthComp VAR Word
```

FREQOUT 指令用来表示程序已经开始执行。

```
FREQOUT   4,2000,3000
```

程序的剩余代码都在 DO…LOOP 循环中,因此它会一遍又一遍地执行下去。每次在调试终端操作者(就是你)输入脉宽后,DEBUGIN 指令都会将此值存储在变量 pulseWidth 中。

DEBUG "Enter pulse width: "

DEBUGIN DEC pulseWidth

要使测量更精确,必须使用两个 PULSOUT 指令,一个脉宽参数小于 750,另一个脉宽参数大于 750,两个脉宽参数的和是 1500,这就确保在每次循环执行时两个 PULSOUT 指令所用的时间之和是相同的,即无论 PULSOUT 指令的脉宽参数是多少,FOR…NEXT 循环都要花费同样的时间去执行,这可以使后面的转速测量更加准确。

下面的指令是根据所输入的脉宽参数计算另一个脉宽参数,使两个脉宽参数的和为 1500。如果输入的值是 650,则 pulseWidthComp 的值是 850;如果输入的值是 850,则 pulseWidthComp 的值是 650;如果输入的值是 700,则 pulseWidthComp 的值是 800。总之,它们加起来的和一定是 1500。

pulseWidthComp = 1500 - pulseWidth

一个运行时间为 6s 的 FOR…NEXT 循环首先发送 pulseWidth 的值给右轮的伺服电机(P12),然后发送 pulseWidthComp 的值给左轮的伺服电机(P13),使两轮的旋转方向相反。

FOR counter = 1 TO 244
    PULSOUT 12, pulseWidth
    PULSOUT 13, pulseWidthComp
    PAUSE 20
NEXT

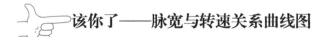该你了——脉宽与转速关系曲线图

如图 3.14 所示是一个连续旋转伺服电机控制脉宽和转速的关系曲线。横坐标代表脉宽,

单位是 ms；纵坐标代表伺服电机的旋转速度，单位是 r/min（rpm）。图中，顺时针旋转是负值，逆时针旋转是正值。这个特定伺服电机的转速范围为-48～48r/min，对应的脉宽范围为 1.3～1.7ms。

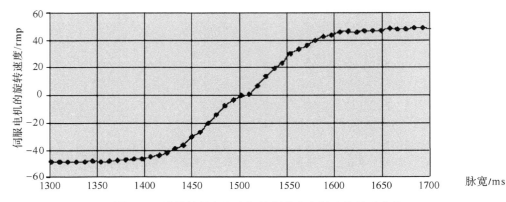

图 3.14　连续旋转伺服电机控制脉宽和转速的关系曲线

可以用表 3-1 来记录关系曲线的数据。注意：在例程中是用输入值来直接控制右轮转速的，而左轮转速则是用计算值来控制且左轮旋转的方向与右轮相反。

表 3-1　脉宽与转速的关系

脉宽/ms	转速/rmp	脉宽/ms	转速/rmp	脉宽/ms	转速/rmp	脉宽/ms	转速/rmp
1.300		1.400		1.500		1.600	
1.310		1.410		1.510		1.610	
1.320		1.420		1.520		1.620	
1.330		1.430		1.530		1.630	
1.340		1.440		1.540		1.640	
1.350		1.450		1.550		1.650	
1.360		1.460		1.560		1.660	
1.370		1.470		1.570		1.670	

续表

脉宽/ms	转速/rmp	脉宽/ms	转速/rmp	脉宽/ms	转速/rmp	脉宽/ms	转速/rmp
1.380		1.480		1.580		1.680	
1.390		1.490		1.590		1.690	
						1.700	

注意：PULSOUT 指令的参数 Duration 是以 2μs 为单位的。PULSOUT 12, 650 表示发送脉宽为 1.3ms 的脉冲给 P12 端口；PULSOUT 12, 655 表示发送脉宽为 1.31ms 的脉冲给 P12 端口；PULSOUT 12, 660 表示发送脉宽为 1.32ms 的脉冲给 P12 端口，依此类推。

Duration=650×2μs=650×0.000002s=0.00130s=1.3ms

Duration=655×2μs=655×0.000002s=0.00131s=1.31ms

Duration=660×2μs=660×0.000002s=0.00132s=1.32ms

● 给右轮做标记使你有一个参考点。
● 运行程序 TestServoSpeed.bs2。
● 单击调试终端窗口的传送窗格。
● 输入 650，然后按回车键。
● 测量轮子转动的转数。

因为伺服电机的转动时间为 6s，故可以用转数乘以 10 得到转速（单位是 r/min）。

● 把转数乘以 10 的值记录在表 3-1 的 1.300ms 之后。
● 输入 655，然后按回车键。
● 测量轮子转动的转数。
● 把转数乘以 10 的值记录在表 3-1 的 1.310ms 之后。
● 增加 durations 的值，直到 850。
● 用电子表格、计算机或图表来描绘上述关系曲线。
● 对另一个伺服电机重复上述过程。

可以用左轮重复上述测量过程。更改 PULSOUT 指令，将 pulseWidth 的值发送给 P13，将 pulseWidthComp 的值发送给 P12。

工程素质和技能归纳

- 能够完成机器人的机械组装。
- 能够完成伺服电机的重新测试和子系统测试。
- 掌握开始/复位指示电路工作原理和 FREQOUT 指令的使用方法。
- 掌握运行时向 BasicDuino 微控制器发送数据的方法及 DEBUGIN 指令的使用方法。
- 会测试伺服电机控制脉宽和转速的关系曲线。
- 能够完成脉宽与转速关系曲线的作图。

第 4 讲　机器人巡航

  学习情境

　　机器人不同于其他自动化设备的一个重要方面就是它的运动。移动机器人的基本运动是巡航，也就是到处走动的意思，而大多数自动化设备的运动都是设备内部结构的运动。本讲通过编程可以使基础机器人完成各种巡航动作，这些巡航动作和编程技术在后面的几讲中都会用到。与后面几讲唯一不同的是：本讲的机器人在无感觉的情况下巡航，而在后面的几讲中，机器人将会根据传感器检测到的信息进行巡航。

　　本讲还会介绍一些调节和标定机器人巡航的方法，包括使机器人走直线、完成更精确的转弯、计算巡航的距离等。本讲需要完成的主要任务如下。

（1）编程使机器人做一些基本的巡航动作，如向前、向后、左转、右转和原地旋转等。
（2）调节任务 1 的运动，使动作更加精确。
（3）计算使机器人运动指定距离时需要发送给机器人伺服电机的脉冲数量。
（4）编写程序，使机器人由突然启动或停止变为逐步加速或减速运动。
（5）编写一些执行基本巡航动作的子程序，并且每一个子程序都能够被多次调用。

任务 1：基本巡航动作

向前巡航

　　这是一个有趣的现象：当机器人向前运动时，它的左轮会逆时针旋转，而右轮则顺时针旋转。（从机器人的左边看，当它向前行走时，其轮子是逆时针旋转的；而从机器人的右边看，另一个轮子则是顺时针旋转的。）

　　回忆一下第 2 讲的内容，PULSOUT 指令的参数 Duration 用于控制伺服电机旋转的速度和方向，FOR…NEXT 循环的参数 StartValue 和 EndValue 用于控制发送给伺服电机的脉冲数量。由于每个脉冲的时间是相同的，因而参数 EndValue 也控制了伺服电机运行的时间。下面是使机器人向前走 3s 的例程。

例程：RobotForwardThreeSeconds.bs2

- 确保 BasicDuino 微控制器和伺服电机都已接通电源。
- 输入、保存并运行程序 RobotForwardThreeSeconds.bs2。

```
' RobotForwardThreeSeconds.bs2
' Make the robot roll forward for three seconds.
' {$STAMP BS2}
' {$PBASIC 2.5}

DEBUG "Program Running!"
counter VAR Word
FREQOUT 4, 2000, 3000        ' Signal program start/reset.

FOR counter = 1 TO 122       ' Run servos for 3 seconds.
    PULSOUT 13, 850
    PULSOUT 12, 650
    PAUSE 20
NEXT

END
```

程序 RobotForwardThreeSeconds.bs2 是如何执行的

通过第 2 讲的学习，你对本例程中的语句应该已经有了很多了解，下面简单复习一下每条语句的功能，进一步了解它们是如何与伺服电机的运动相关联的。

先声明一个用于 FOR...NEXT 循环的计数变量。

第4讲 机器人巡航

counter VAR Word

然后是一条能够让扬声器发出一个声音表示程序开始运行的语句，你应该记得它，它将会用在所有机器人运行的程序中。

FREQOUT 4, 2000, 3000   ' Signal program start/reset

FOR…NEXT 循环发出 122 对脉冲，分别连接到 P12 端口和 P13 端口的伺服电机上，暂停 20ms，然后程序返回到 FOR…NEXT 循环的顶部开始下一个循环。

```
FOR counter = 1 TO 122
    PULSOUT 13, 850
    PULSOUT 12, 650
    PAUSE 20
NEXT
```

PULSOUT 13，850 使左侧伺服电机逆时针旋转，PULSOUT 12，650 使右侧伺服电机顺时针旋转。因此，两个轮子同时向机器人的前端转动，使机器人向前运动。由于 FOR…NEXT 循环执行 122 次大约需要 3s，故可使机器人向前运动 3s。

该你了——调节距离和速度

将 FOR…NEXT 循环中 EndValue 的数值由 122 调到 61，可以使机器人的运行时间缩短为刚才的一半，而运行距离也缩短为刚才的一半。

- 以一个新的文件名存储程序 RobotForwardThreeSeconds.bs2。
- 将 FOR…NEXT 循环中 EndValue 的值由 122 改为 61。
- 执行程序，验证运行时间和运行距离是否是刚才的一半。
- 将 FOR…NEXT 循环中 EndValue 的值改为 244，重复以上步骤。

当 PULSOUT 指令中 Duration 参数的值为 650 和 850 时，可以使两个伺服电机以近乎最大的速度旋转。当将每条 PULSOUT 指令中 Duration 参数的值设定为更接近让伺服电机保持停止的值——750 时，可以使机器人减速。

- 更改程序如下：

PULSOUT 13,780

PULSOUT 12, 720

● 执行程序，验证机器人的巡航速度是否减慢。

向后巡航和原地旋转

当给两条 PULSOUT 指令中参数 Duration 以不同的值时，可以使机器人以不同的方式巡航。例如，下面的两条 PULSOUT 指令可以使机器人向后走：

PULSOUT 13,650

PULSOUT 12, 850

下面的两条指令可以使机器人原地左转（当从机器人上方观察时，它是逆时针转动的）：

PULSOUT 13,650

PULSOUT 12, 650

下面的两条指令可以使机器人原地右转（当从机器人上方观察时，它是顺时针转动的）：

PULSOUT 13,850

PULSOUT 12, 850

你可以把上述指令组合到一个程序中让机器人向前走、左转、右转及向后走。

例程: ForwardLeftRightBackward.bs2

输入、保存并运行程序 ForwardLeftRightBackward.bs2。

小技巧：为了快速输入该程序，可以使用 BASIC Stamp 编辑器 "Edit" 菜单项下的 Copy 和 Paste 选项将 FOR…NEXT 循环复制 4 次，然后只需调整 PULSOUT 指令的参数 Duration 和 FOR…NEXT 循环的参数 EndValues 的值即可。

```
' ForwardLeftRightBackward.bs2
' Move forward, left, right, then backward for testing and tuning.
```

第4讲 机器人巡航

```
' {$STAMP BS2}
' {$PBASIC 2.5}

DEBUG "Program Running!"
counter VAR Word
FREQOUT 4, 2000, 3000        ' Signal program start/reset.

FOR counter = 1 TO 64        ' Forward
    PULSOUT 13, 850
    PULSOUT 12, 650
    PAUSE 20
NEXT

PAUSE 200

FOR counter = 1 TO 24        ' Rotate left - about 1/4 turn
    PULSOUT 13, 650
    PULSOUT 12, 650
    PAUSE 20
NEXT

PAUSE 200

FOR counter = 1 TO 24        ' Rotate right - about 1/4 turn
    PULSOUT 13, 850
    PULSOUT 12, 850
```

```
    PAUSE 20
NEXT

PAUSE 200

FOR counter = 1 TO 64            ' Backward
    PULSOUT 13, 650
    PULSOUT 12, 850
    PAUSE 20
NEXT

END
```

👉 该你了——绕轴旋转

你可以使机器人绕一个轮子旋转。诀窍是使一个轮子不动而另一个轮子旋转。例如，当保持左轮不动而右轮向前做顺时针旋转时，机器人将以左轮为轴旋转。

```
PULSOUT 13, 750
PULSOUT 12, 650
```

如果你想使机器人绕右轮旋转，很简单，使右轮停止，让左轮向前做逆时针旋转。

```
PULSOUT 13, 850
PULSOUT 12, 750
```

下面的 PULSOUT 指令可以使机器人绕右后轮旋转。

```
PULSOUT 13, 650
PULSOUT 12, 750
```

第4讲 机器人巡航

下面的 PULSOUT 指令可以使机器人绕左后轮旋转。

PULSOUT 13, 750

PULSOUT 12, 850

- 把程序 ForwardLeftRightBackward.bs2 另存为 PivotTests.bs2。
- 用刚讨论过的 4 组绕轴旋转语句替代向前、向后、左转、右转运行程序中的 PULSOUT 指令。
- 把每个 FOR...NEXT 循环的参数 EndValue 的值均更改为 30,以此调整每个动作的运行时间。
- 更改每个 FOR...NEXT 循环旁边的注释来反映每个新的旋转动作。
- 运行更改后的程序,验证上述程序是否能实现绕轴旋转。

任务 2:基本巡航运动的调整

假设编写了一个程序让机器人全速向前直线行走 15s,但机器人在实际运动时却总是略微向左或向右偏移而走曲线,这怎么办呢?此时并不需要拆开机器人并用螺丝刀重新安装和调整伺服电机,只需简单地修改程序,使机器人的两个轮子以相同的速度运行即可。用螺丝刀调节叫作"硬件调节",而用程序调节则叫作"软件调节"。

机器人直线运动的校准

校准的第一步是让机器人直线运动一段足够长的距离来检查它是向左偏还是向右偏。向前全速运动 10s 应该足够了。对上面的 RobotForwardThreeSeconds.bs2 程序进行简单地修改就可以满足这一检验要求。

例程: RobotForwardTenSeconds.bs2

- 打开程序 RobotForwardThreeSeconds.bs2,将程序另存为 RobotForwardTenSeconds.bs2。
- 将变量 counter 的 EndValue 参数值由 122 改为 407,程序如下:

' RobotForwardTenSeconds.bs2

' Make the robot roll forward for ten seconds.

' {$STAMP BS2}

```
' {$PBASIC 2.5}

DEBUG "Program Running!"
counter VAR Word
FREQOUT 4, 2000, 3000          ' Signal program start/reset.

FOR counter = 1 TO 407         ' Number of pulses - run time.
    PULSOUT 13, 850            ' Left servo full speed ccw.
    PULSOUT 12, 650            ' Right servo full speed cw.
    PAUSE 20
NEXT

END
```

● 运行程序，仔细观察在机器人向前行走 10s 的过程中是否会向左偏或向右偏。

该你了——调整伺服电机的旋转速度使机器人的运动轨迹是一条直线

如果机器人略微向左偏，则可以从两个角度思考这个问题：要么左轮速度太慢，要么右轮速度太快。因为机器人是全速行驶的，所以给左轮加速不太实际，只能减小右轮的速度来解决这个问题。

由于伺服电机的旋转速度是由 PULSOUT 指令的参数 Duration 决定的，Duration 的值越接近 750，伺服电机的旋转速度就越慢。这就意味着把 PULSOUT 12, 650 中的 650 更改为一个更接近 750 的数值就可以让右轮的速度变慢。如果机器人的轨迹只是向左偏移一点点，也许将程序改为 PULSOUT 12,663 就可以纠正偏移；如果向左偏移很多，也许需要将程序改为 PULSOUT 12,690。你可能需要经过多次尝试才能得到正确的值。例如，第一次尝试时将程序改为 PULSOUT 12,663 可能有了些效果，但是离预期还有差距，因为机器人还是稍微向左偏，于是第二次尝试时将程序改为 PULSOUT 12,670，但这一次又矫正过度，接着可以在第三次尝试时将程序改为 PULSOUT 12,665，这一次可能结果是正确的。这种调试方法叫作迭代，即不断地重复试验进而得到正确的结果。
- 修改程序 RobotForwardTenSeconds.bs2，使机器人沿直线向前运动。
- 将最准确的 PULSOUT 指令的参数值用标签贴在每个伺服电机上。
- 如果机器人已经沿直线向前运动了，则试着按刚才讨论的做法对程序做一些修改，观察一下效果。这时，机器人应该是走曲线而不是直线了。

当编写程序使机器人向后走时，可能会发现一个完全不同的现象。
- 更改程序 RobotForwardTenSeconds.bs2，使机器人向后走 10s。
- 仔细观察在机器人向后行走 10s 的过程中是否会向左偏或向右偏。
- 重复上面寻找参数 Duration 正确值的过程，使机器人能够沿直线向后走。

转动调整

软件调节可以使机器人旋转一个期望的角度，如旋转 90°等。由于机器人的旋转时间决定了它的旋转角度，而 FOR…NEXT 循环控制着运行时间，所以可以通过调整 FOR…NEXT 循环的参数 EndValue 得到所需要的旋转角度。

下面的程序可以使机器人向左旋转 90°。

```
FOR counter = 1 TO 24       ' Rotate left - about 1/4 turn
    PULSOUT 13, 650
    PULSOUT 12, 650
    PAUSE 20
NEXT
```

如果执行上述程序时机器人的旋转角度比 90°多一点，则尝试将第一条语句改为 FOR counter = 1 TO 23 或改用偶数个循环 FOR counter = 1 TO 22。如果旋转角度不足 90°，则可以增加 FOR…NEXT 循环中 EndValue 参数的值。

如果发现一个值使旋转角度超过 90°，而另一个值使旋转角度小于 90°，则选择使旋转角度超过 90°的值，然后稍微减小伺服电机的转速。与直线运动调整过程一样，上述过程也是一个迭代过程。

该你了——旋转 90°

- 更改程序 ForwardLeftRightBackward.bs2,使其精确旋转 90°。
- 用已确定好的沿直线向前和向后行走的 PULSOUT 指令的参数值更新程序 ForwardLeftRight Backward.bs2 中相应的值。

任务 3:计算运动距离

在许多机器人竞赛中,机器人运动越精确,参赛者获得的分数就越高。一个比较流行的机器人入门级比赛被称为"死记",比赛的内容是先让机器人行走到一个或多个地点,然后精确地返回到出发点。

在机器人运动之前,必须先测试出机器人的直线运动速度。最简单的方法是把机器人放在一把尺子旁边,让机器人向前走 1s,然后测量机器人走了多远,这样就得到了它的运动速度。如果尺子上的单位是 cm,那么测得的运动速度是以 cm/s 为单位的。

例程: ForwardOneSecond.bs2

```
' ForwardOneSecond.bs2
' Make the Robot roll forward for one second.
' {$STAMP BS2}
' {$PBASIC 2.5}

DEBUG "Program Running!"
Counter VAR Word
FREQOUT    4, 2000, 3000              ' Signal program start/reset.

FOR counter = 1 TO 41
    PULSOUT 13, 850
```

```
        PULSOUT 12, 650
        PAUSE 20
    NEXT

    END
```

- 输入、保存并运行程序 ForwardOneSecond.bs2。
- 将机器人放在尺子旁边。
- 确保机器人两个轮子与地面接触点的连线与尺子的 0cm 刻度线对齐。
- 按下复位键,重新运行程序。
- 测量从出发点到机器人停下时两个轮子与地面接触点的连线的垂直距离。

测得的长度即为机器人的运动速度,以 s 为单位。例如,机器人走了 23cm,因为它走这段距离用了 1s 的时间,所以机器人的运动速度为 23cm/s。由此可以计算出要走一段指定的距离,机器人需要运动多少时间。例如,如果机器人要走 51cm,则它需要运动 51/23≈2.22(s)。

由第 2 讲的任务 4 可知,在一个 FOR…NEXT 循环中,执行一次循环需要 24.6ms(0.0246s),此数的倒数就是每秒传递给每个伺服电机的脉冲数,即 1/0.0246≈40.65。

因为前面已经计算出机器人向前行走 51cm 所需的时间是 2.22s,而 Basic Duino 微控制器每秒传递给伺服电机的脉冲数是 40.65,由此可以计算出需要传递给伺服电机的脉冲数,这个数就是 FOR…NEXT 循环中参数 EndValue 的值,即 2.22×40.65=90.24≈90。

上述计算需要两步。第一步,计算机器人运行一段确定距离所需要的时间;第二步,计算伺服电机运行这段距离所需要的脉冲数。因为已经知道用运行时间乘以 40.65 就能得到脉冲数,所以可以把上面的计算过程简化为一步:

脉冲数(EndValue)=(所需运动的距离/机器人的运动速度)×40.65

该你了——让机器人运行你所期望的距离

现在可以用你所期望的距离进行试验了。

- 利用尺子和程序 ForwardOneSecond.bs2 测得机器人的运动速度,以 cm/s 为单位。
- 选择要让机器人行走的距离。

- 根据脉冲数计算公式算出需要传递给伺服电机的脉冲数。
- 修改程序 ForwardOneSecond.bs2，使其发出根据距离算出的脉冲数。
- 运行程序，观察机器人实际运行距离同你期望的距离的接近程度。

任务 4：匀变速运动

匀变速运动是指逐渐增加或减小机器人的运动速度，而不是急起或急停。这种运动方式可以提高机器人的电源和伺服电机的使用寿命。

编写匀变速运动程序

实现匀变速运动的关键是用一个变量替代 PULSOUT 指令中的参数 Duration，在前面的几讲中，参数 Duration 一直使用常量。如图 4.1 所示是一个采用 FOR…NEXT 循环实现的匀加速运动示例程序，它能使机器人的速度由静止逐渐加速到全速。FOR…NEXT 循环每重复执行一次，pulseCount 变量就自动加 1。第一次循环后，pulseCount 变量的值是 1，此时执行指令 PULSOUT 13，751 和 PULSOUT 12，749。第二次循环后，pulseCount 变量的值是 2，此时执行指令 PULSOUT 13，752 和 PULSOUT 12，748。随着 pulseCount 变量值的增加，伺服电机的旋转速度也在逐渐增加。在循环执行 100 次后，pulseCount 变量的值是 100，此时执行伺服电机全速运转指令 PULSOUT 13，850 和 PULSOUT 12，650。

回顾第 2 讲的内容可知，FOR…NEXT 循环还可以实现由高向低计数，故可以通过 FOR pulse Count = 100 TO 1 来实现匀减速运动。下面是一个使用 FOR…NEXT 循环来实现机器人先逐渐加速到全速、再逐渐减速到停止的例子。

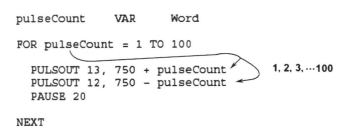

图 4.1　匀加速运动示例程序

例程：StartAndStopWithRamping.bs2

```
' StartAndStopWithRamping.bs2
' Ramp up, go forward, ramp down.
' {$STAMP BS2}
' {$PBASIC 2.5}

DEBUG    "Program Running!"
pulseCount   VAR   Word                 ' FOR...NEXT loop counter.
'---[ Initialization ]----------------------------------
FREQOUT   4, 2000, 3000                 ' Signal program start/reset.


' -----[ MainRoutine ]----------------------------------
' Ramp up forward.
FOR pulseCount = 1 TO 100               ' Loop ramps up for 100 pulses.
    PULSOUT 13, 750 + pulseCount        ' Pulse = 1.5 ms + pulseCount.
    PULSOUT 12, 750 - pulseCount        ' Pulse = 1.5 ms - pulseCount.
    PAUSE 20                            ' Pause for 20 ms.
NEXT


' Continue forward for 75 pulses.
FOR pulseCount = 1 TO 75                ' Loop sends 75 forward pulses.
    PULSOUT 13, 850                     ' 1.7 ms pulse to left servo.
    PULSOUT 12, 650                     ' 1.3 ms pulse to right servo.
    PAUSE 20                            ' Pause for 20 ms.
NEXT
```

```
' Ramp down from going forward to a full stop.
FOR pulseCount = 100 TO 1              ' Loop ramps down for 100 pulses.
    PULSOUT 13, 750 + pulseCount       ' Pulse = 1.5 ms + pulseCount.
    PULSOUT 12, 750 - pulseCount       ' Pulse = 1.5 ms - pulseCount.
    PAUSE 20                           ' Pause for 20 ms.
NEXT

END                                    ' Stop until reset.
```

- 输入、保存并运行程序 StartAndStopWithRamping.bs2。
- 验证机器人是否先逐渐加速到全速,再保持一段时间,最后逐渐减速到停止。

该你了

你可以创建一个程序,将匀加速或匀减速与其他的动作结合起来。下面是一个匀加速向后走而不是向前走的例子。匀加速向后走与匀加速向前走的不同之处在于两条 PULSOUT 指令中参数变化的趋势不同。

```
' Ramp up to full speed going backwards
FOR pulseCount = 1 TO 100
    PULSOUT 13, 750 - pulseCount
    PULSOUT 12, 750 + pulseCount
    PAUSE 20
NEXT
```

你也可以通过逐渐增加参数 pulseCount 的值并与 750 相加来作为两个 PULSOUT 指令中的速度参数,从而创建一个在原地匀加速旋转的程序。还可以通过逐渐减小参数 pulseCount 的值并与 750 相加作为两个 PULSOUT 指令中的速度参数,从而实现原地匀减速旋转。下面是一个匀变速旋转 1/4 周的例子,该例子在伺服电机减速之前没有增加到全速。

第4讲 机器人巡航

```
' Ramp up right rotate.
FOR pulseCount = 0 TO 30
    PULSOUT 13, 750 + pulseCount
    PULSOUT 12, 750 + pulseCount
    PAUSE 20
NEXT


' Ramp down right rotate.
FOR pulseCount = 30 TO 0
    PULSOUT 13, 750 + pulseCount
    PULSOUT 12, 750 + pulseCount
    PAUSE 20
NEXT
```

- 从本讲的任务 1 中打开程序 ForwardLeftRightBackward.bs2，将程序另存为 ForwardLeftRight- BackwardRamping.bs2。
- 修改程序，使机器人的每一个动作都能匀加速和匀减速进行。提示：你可以使用上面的代码段和程序 StartAndStopWithRamping.bs2 中相似的代码段。

任务5：用子程序简化巡航运动程序

在后面的几讲中，机器人将执行动作来避开障碍物。避开障碍物的一个关键就是需要执行预先编好的动作程序。执行这些动作程序的一个方法是调用子程序。本任务首先介绍子程序，然后介绍两种用子程序实现可重复动作的方法。

子程序

一个 PBASIC 子程序有两个部分。一个部分是子程序调用，它告诉程序跳到可重复执行代码部分，执行后回到调用点；另一个部分是实际的子程序，它以作为自己名字的标号为子程序的起点,以 RETURN 指令为终点,标号和 RETURN 指令之间的代码段执行想让子程序做的工作。

如图 4.2 所示是某个 PBASIC 程序的一部分,它包含了一个子程序调用和该子程序的 PBASIC 程序代码。GOSUB My_Subroutine 是子程序调用指令。实际的子程序是从标号 My_Subroutine 到 RETURN 指令之间的部分。其工作过程为:当程序运行到 GOSUB My_Subroutine 指令时,它会寻找标号为 My_Subroutine 的子程序,如箭头①所示,程序跳到 My_Subroutine 处并开始执行指令;程序从标号处向下逐行执行指令,在调试终端会看到 "Command in subroutine" 信息;PAUSE 1000 使程序停顿 1s,然后执行 RETURN 指令返回到紧跟 GOSUB 指令后的 DEBUG 指令处,如箭头②所示,此时调试终端会显示信息 "After subroutine"。

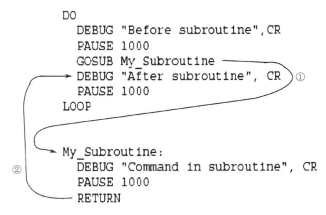

图 4.2　子程序调用

例程: OneSubroutine.bs2

● 输入、保存并运行程序 OneSubroutine.bs2。

' OneSubroutine.bs2

' This program demonstrates a simple subroutine call.

' {$STAMP BS2}

' {$PBASIC 2.5}

```
    DEBUG   "Before subroutine",CR
    PAUSE   1000
    GOSUB   My_Subroutine
    DEBUG   "After subroutine", CR
    END


My_Subroutine:
    DEBUG   "Command in subroutine", CR
    PAUSE   1000
    RETURN
```

● 观察调试终端，按几次复位键，每次都应该看到顺序相同的 3 条信息。

下面是包含两个子程序的例子。一个子程序用于产生高音，另一个子程序用于产生低音。在 DO 和 LOOP 之间的指令依次调用子程序。运行此程序并观察其结果。

例程： TwoSubroutines.bs2

输入、保存并运行程序 TwoSubroutines.bs2。

```
' TwoSubroutines.bs2
' This program demonstrates that a subroutine is a reusable block of commands.
' {$STAMP BS2}
' {$PBASIC 2.5}


DO
    GOSUB   High_Pitch
    DEBUG   "Back in main",CR
    PAUSE   1000
    GOSUB   Low_Pitch
```

```
        DEBUG   "Back in main again",CR
        PAUSE   1000
        DEBUG   "Repeat...",CR,CR
LOOP


High_Pitch:
        DEBUG   "High pitch",CR
        FREQOUT 4, 2000, 3500
RETURN


Low_Pitch:
        DEBUG   "Low pitch",CR
        FREQOUT 4, 2000, 2000
RETURN
```

试着将向前、左转、右转和向后 4 个巡航运动程序放到子程序中,下面是一个例子。

例程: MovementsWithSubroutines.bs2

输入、保存并运行程序 MovementsWithSubroutines.bs2。

> **提示:** 可以使用 BASIC Stamp 编辑器中的"编辑"菜单项将代码段从一个程序复制并粘贴到另一个程序中。

```
' MovementsWithSubroutines.bs2
' Make forward, left, right, and backward movements in reusable subroutines
' {$STAMP BS2}
' {$PBASIC 2.5}
```

第4讲 机器人巡航

```
DEBUG    "Program Running!"
counter  VAR   Word
FREQOUT  4, 2000, 3000 ' Signal program start/reset.

GOSUB    Forward
GOSUB    Left
GOSUB    Right
GOSUB    Backward

END


Forward:
    FOR counter = 1 TO 64
        PULSOUT 13, 850
        PULSOUT 12, 650
        PAUSE 20
    NEXT
    PAUSE 200
RETURN


Left:
    FOR counter = 1 TO 24
        PULSOUT 13, 650
        PULSOUT 12, 650
        PAUSE 20
    NEXT
```

```
        PAUSE 200
    RETURN


    Right:
        FOR counter = 1 TO 24
            PULSOUT 13, 850
            PULSOUT 12, 850
            PAUSE 20
        NEXT
        PAUSE 200
    RETURN


    Backward:
        FOR counter = 1 TO 64
            PULSOUT 13, 650
            PULSOUT 12, 850
            PAUSE 20
        NEXT
    RETURN
```

上述程序与程序 ForwardLeftRightBackward.bs2 产生的效果是相同的。显然，有许多方法可以构造程序并得到同样的结果。下面的例子给出了第三种方法。

例程：MovementWithVariablesAndOneSubroutine.bs2

在这个例子中机器人只用了一个子程序和一些变量就完成了同样的动作。

你一定已经注意到，到目前为止，机器人的每个巡航动作都是用相似的代码段来完成的。比较下面的两个代码段：

```
' Forward full speed
FOR counter = 1 TO 64
    PULSOUT 13, 850
    PULSOUT 12, 650
    PAUSE 20
NEXT

' Ramp down from full speed backwards
FOR pulseCount = 100 TO 1
    PULSOUT 13, 750 - pulseCount
    PULSOUT 12, 750 + pulseCount
    PAUSE 20
NEXT
```

使这两个代码段做不同巡航动作的是 FOR…NEXT 循环的参数 StartValue 和 EndValue，以及 PULSOUT 指令的参数 Duration 的改变。这些参数可以是变量，而且这些变量可以在程序运行的过程中被重复更改来产生不同的巡航动作。下面的程序重复使用同一个子程序，而不是使用带有特定 PULSOUT 指令参数 Duration 的单独子程序。产生不同动作的关键是在调用子程序前将这些变量设为适当的值。

- 输入、保存并运行程序 MovementWithVariablesAndOneSubroutine.bs2。

```
' MovementWithVariablesAndOneSubroutine.bs2
' Make a navigation routine that accepts parameters.
' {$STAMP BS2}
' {$PBASIC 2.5}

DEBUG    "Program Running!"
counter VAR Word
```

```
pulseLeft VAR Word
pulseRight VAR Word
pulseCount VAR Byte

FREQOUT 4, 2000, 3000 ' Signal program start/reset.

' Forward
pulseLeft=850: pulseRight=650: pulseCount=64: GOSUB Navigate

' Left turn
pulseLeft=650: pulseRight=650: pulseCount=24: GOSUB Navigate

' Right turn
pulseLeft=850: pulseRight=850: pulseCount=24: GOSUB Navigate

' Backward
pulseLeft=650: pulseRight=850: pulseCount=64: GOSUB Navigate

END

Navigate:
    FOR counter=1 TO pulseCount
        PULSOUT 13, pulseLeft
        PULSOUT 12, pulseRight
        PAUSE 20
    NEXT
```

第4讲 机器人巡航

```
PAUSE 200
RETURN
```

机器人是否执行了向前、左转、右转、向后的巡航动作呢？开始阅读这个程序时可能会感到困难，因为这些指令以一种新的方式排列。每个变量赋值语句和 GOSUB 指令放在同一行用冒号分隔开，而不是像以前那样放在不同的行。这里，冒号的功能和回车键一样，用来隔开每个 PBASIC 指令。这种方式允许将所有与指定动作有关的新变量值放在一起，并且和子程序调用放在同一行。

该你了

下面是前面提到的"死记"竞赛。

修改 MovementWithVariablesAndOneSubroutine.bs2 程序，使机器人走一个正方形路线，并且前面两个边向前走，后面两个边向后走。

提示：你需要使用任务 2 中所确定的 PULSOUT 指令的参数 EndValue。

任务 6：高级主题——在 EEPROM 中建立复杂运动

当下载 PBASIC 程序到 BasicDuino 微控制器时，BASIC Stamp 编辑器会将程序转换为 BasicDuino 微控制器可以执行的数字指令，并以 ASCII 码的形式存储在 BasicDuino 微控制器上面两个黑色芯片中标有"24LC16B"的芯片里面。这个芯片是一种特殊的计算机存储器，叫作 EEPROM，即电可擦除可编程只读存储器。EEPROM 能够容纳 2048 个字节（2KB）的信息。没有存储程序（从地址 2047 到 0）的存储空间可以用来存储数据（从地址 0 到 2047），即程序从地址 2047 开始往下存储，而数据则从地址 0 开始往上存储。如果存储的数据和程序发生了交叉重叠，则程序不能正常工作，这一点要切记。

EEPROM 与 RAM（随机存取存储器）在以下几个方面有所不同。
- EEPROM 存储一个值要花费较多时间，有时需要几毫秒。
- EEPROM 支持写操作的次数是有限的，约为 1 千万次，而 RAM 能无限次地读/写。
- EEPROM 的主要功能是存储程序，数据可以存储在剩余的部分。

单击 BASIC Stamp 编辑器的"Run"菜单项,选择"Memory Map"选项浏览 EEPROM 的内容。如图 4.3 所示给出了程序 MovementsWithSubroutines.bs2 的存储映射图。注意,在左边的 EEPROM 压缩图中其底部小框图阴影部分显示了程序 Movements WithSubroutines.bs2 占用的内存数量。

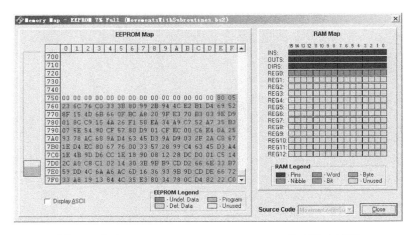

图 4.3 程序 MovementsWithSubroutines.bs2 的存储映射图

注意:该存储映射图是从 BASIC Stamp 编辑器 v2.1 版本上截取下来的,对于不同版本的编辑器,内存映射图的格式会有所不同,但包含的信息是相同的。

在这里,字变量 counter 被存储在 RAM 映射图的寄存器 0 中。

这个程序在输入时似乎比较大,但其实只占用了可用 2048 个字节程序存储区的 136 个字节。现在还有足够的空间来存放一串相当长的指令,因为在内存中一个字符占用一个字节,所以还有可以存放 1912 个单字符指令的空间。

EEPROM 指南

到目前为止,你已经使用三种不同的编程方法来使机器人向前走、左转、右转和向后走了,每种方法都有它的优点,但是要让机器人执行一个更复杂的巡航动作,用这些方法都很麻烦。下面介绍的例子将在子程序中使用现在已经熟悉的代码段来实现每个基本的巡航动作,每个基本巡航动作都用一个单字母代码来引用,一长串字母代码表示一长串的巡航动作,它们被存储在 EEPROM 中，在程序执行过程中被读出并解码，这样可避免重复执行一长串子程序或在每个 GOSUB 指令执行前更改变量。

这种编程方法需要用到一些新的 PBASIC 指令：DATA 指令、READ 和 SELECT ... CASE ... ENDSELECT 指令。在运行新的例程之前，先学习一下如何使用这些新指令。

每个基本巡航动作都由一个与子程序相对应的单字母代码来引用：F 代表 Forward，B 代表 Backward，L 代表 Left_Turn，R 代表 Right_Turn。如此一来，复杂的机器人运动就可以很快地用一串字母代码设计出来。字母串的最后一个字母是 Q，意思是动作完成后退出（Quit）。下载程序时用 DATA 指令把这个字母串存储在 EEPROM 中，程序如下：

DATA　"FLFFRBLBBQ"

每个字母被存放在 EEPROM 中的一个字节里，由地址 0 开始。READ 指令能够在程序运行时从 EEPROM 中读出这个字母串，读出这个字母串的程序如下：

```
DO UNTIL (instruction = "Q")
    READ address, instruction
    address = address + 1
    ' PBASIC code block omitted here.
LOOP
```

address 变量是存放每个字母代码的 EEPROM 字节的地址。instruction 变量拥有存储在该地址中的实际值，即代码字符。注意，每执行一次循环，address 变量的值加 1，这就使从地址 0 开始的字母串从 EEPROM 中被连续地读出。

DO...LOOP 指令有可选的条件，这一点对于编程非常有利。DO UNTIL（condition）...LOOP 语句允许循环重复执行，直到某个确定的情况发生为止。DO WHILE（condition）...LOOP 语句允许当某一个条件存在时循环重复执行。下面的例子将使用 DO UNTIL...LOOP 语句。在这种情况下，DO...LOOP 循环重复执行，直到从 EEPROM 中读到"Q"字符为止。

SELECT...CASE...ENDSELECT 语句用来选择一个变量并一个一个地对照执行 CASE 中对应的代码段。下面的代码段将根据 instruction 变量中的字母值调用合适的子程序。

```
SELECT instruction
    CASE "F": GOSUB Forward
```

```
          CASE "B": GOSUB Backward
          CASE "R": GOSUB Right_Turn
          CASE "L": GOSUB Left_Turn
       ENDSELECT
```

例程： EepromNavigation.bs2

- 仔细阅读程序 EepromNavigation.bs2，理解程序的每一部分是如何工作的。
- 输入、保存并运行程序 EepromNavigation.bs2。

```
' EepromNavigation.bs2
' Navigate using characters stored in EEPROM.
' {$STAMP BS2}                      ' Stamp directive.
' {$PBASIC 2.5}                     ' PBASIC directive.

DEBUG "Program Running!"


'-[ Variables ]------------------------------------
pulseCount VAR Word                 ' Stores number of pulses.
address VAR Byte                    ' Stores EEPROM address.
instruction VAR Byte                ' Stores EEPROM instruction.


'---[ EEPROMData ]---------------------------------
DATA         "FLFFRBLBBQ"           ' Navigation instructions.


'---[ Initialization ]-----------------------------
FREQOUT 4, 2000, 3000               ' Signal program start/reset.
```

```
'---[ MainRoutine ]-----------------------------------------
DO UNTIL (instruction = "Q")
    READ address, instruction          ' Data at address in instruction.
    address = address + 1              ' Add 1 to address for next read.
    SELECT instruction                 ' Call a different subroutine
        CASE "F": GOSUB Forward        ' for each possible character
        CASE "B": GOSUB Backward       ' that can be fetched from
        CASE "L": GOSUB Left_Turn      ' EEPROM
        CASE "R": GOSUB Right_Turn
    ENDSELECT
LOOP


END                                    ' Stop executing until reset.


' --[ Subroutine-Forward ]-------------------------------------
Forward:                               ' Forward subroutine.
    FOR pulseCount = 1 TO 64           ' Send 64 forward pulses.
        PULSOUT 13, 850                ' 1.7 ms pulse to left servo.
        PULSOUT 12, 650                ' 1.3 ms pulse to right servo.
        PAUSE 20                       ' Pause for 20 ms.
    NEXT
RETURN                                 ' Return to Main Routine loop.


' -----[ Subroutine -Backward ]---------------------------------
Backward:                              ' Backward subroutine.
    FOR pulseCount = 1 TO 64           ' Send 64 backward pulses.
```

```
            PULSOUT 13, 650              ' 1.3 ms pulse to left servo.
            PULSOUT 12, 850              ' 1.7 ms pulse to right servo.
            PAUSE 20                     ' Pause for 20 ms.
        NEXT
RETURN                                   ' Return to Main Routine loop.


' -----[ Subroutine - Left_Turn ]----------------------------------------
Left_Turn:                               ' Left turn subroutine.
        FOR pulseCount = 1 TO 24         ' Send 24 left rotate pulses.
            PULSOUT 13, 650              ' 1.3 ms pulse to left servo.
            PULSOUT 12, 650              ' 1.3 ms pulse to right servo.
            PAUSE 20                     ' Pause for 20 ms.
        NEXT
RETURN                                   ' Return to Main Routine loop.


' -----[ Subroutine - Right_Turn ]---------------------------------------
Right_Turn:                              ' right turn subroutine.
        FOR pulseCount = 1 TO 24         ' Send 24 right rotate pulses.
            PULSOUT 13, 850              ' 1.7 ms pulse to left servo.
            PULSOUT 12, 850              ' 1.7 ms pulse to right servo.
            PAUSE 20                     ' Pause for 20 ms.
        NEXT
RETURN                                   ' Return to Main Routine section.
```

你的机器人是否走了一个矩形路线，并且是前两个边向前走、后两个边向后走呢？如果它的行走路线更像一个梯形，则可能需要调节旋转程序中 FOR...NEXT 循环的 EndValue 值，使其能够精确地旋转 90°。

第4讲 机器人巡航

- 当 BASIC Stamp 编辑器中的程序 EepromNavigation.bs2 处于激活状态时，单击"Run"菜单项并选择"Memory Map"选项。

如图 4.4 所示，在 EEPROM 存储映射图的开始部分，存储的数据代码指令将以蓝色高亮形式显示。显示的数据是十六进制的 ASCII 码，与在 DATA 指令中输入的字符相对应。

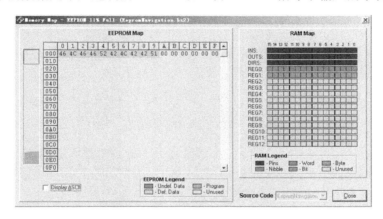

图 4.4 EEPROM 中存储的数据代码指令

- 勾选图 4.4 中左下角的"Display ASCII"复选框。

这些数据代码指令将以另一种形式显示出来，如图 4.5 所示。它显示的是使用 DATA 指令记录的实际字符，而不是 ASCII 码。

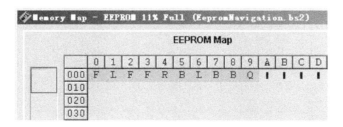

图 4.5 EEPROM 中存储的数据代码指令的实际字符

程序 EepromNavigation.bs2 在 EEPROM 中存储了 10 个字符，这 10 个字符由 READ 指令的参数 address 访问。address 被声明为一个字节变量，因此最多可以访问 256 个地址，这远远超过了本程序所需要的 10 个地址。如果 address 被声明为一个字变量，则理论上可以访问 65 535 个地址，这远远超出了可以访问的地址空间。记住，程序越长，EEPROM 中可以用来存储数据的空间就越少。

可以更改现有的字母串为一系列新动作，也可以增加另外的 DATA 语句。这些数据将被连续地存储在 EEPROM 中。

- 试着更改、增加或删除 DATA 指令中的动作字符，重新运行程序。记住，DATA 指令中的最后一个字符应该是"Q"。
- 更改 DATA 指令使机器人进行前进、左转、右转和后退等一系列基本动作。
- 试着增加第二个 DATA 指令，切记要将"Q"字符从第一个 DATA 指令的最后移到第二个 DATA 指令的最后，否则程序将只执行第一个 DATA 指令。

例程：EepromNavigationWithWordValues.bs2

这个例子看起来很复杂，但它却是一个非常有效的控制机器人运动的方法。这个例子使用了 EEPROM 的数据存储区，但是没有使用子程序，而是使用单个的代码段，用变量代替 FOR...NEXT 循环的参数 EndValue 和 PULSOUT 指令的参数 Duration。

在默认情况下，DATA 指令在 EEPROM 中存储字节数据。若要存储字数据，则可以在 DATA 指令中增加 Word 修饰符。每个字数据需要占用 EEPROM 中两个字节的存储位置，因此每个数据要通过两个相邻的地址来访问。当使用多个 DATA 指令时，最简便的方法是给每个 DATA 指令加标签，这样 READ 指令就可以根据标签确定数据项开始的地址了。看一下下面的代码段：

addressOffset		0	2	4	6	8
Pulses_Count	DATA Word 64,	Word 24,	Word 24,	Word 64,	Word 0
Pulses_Left	DATA Word 850,	Word 650,	Word 850,	Word 650
Pulses_Right	DATA Word 650,	Word 650,	Word 850,	Word 850

每个 DATA 指令以自己的标签开始，Word 修饰符放在用逗号分开的数据前，这 3 个数据项被依次存储在 EEPROM 中。READ 指令根据标签确定存储在 EEPROM 中数据项开始的地址，然后增加 addressOffset 变量的值来找到正确的数据，再将找到的数据存储在 READ 指令

的参数 Variable 中。

对于下列循环程序段：

```
DO
    READ Pulses_Count + addressOffset, Word pulseCount
    READ Pulses_Left + addressOffset, Word pulseLeft
    READ Pulses_Right + addressOffset, Word pulseRight
    addressOffset = addressOffset + 2
    ' PBASIC code block omitted here.
LOOP UNTIL (pulseCount = 0)
```

第一次执行循环时，addressOffset=0。第一个 READ 指令从 Pulses_Count 标签指定的第一个地址中得到一个值 64，并把它放入 pulseCount 变量中。第二个 READ 指令从 Pulses_Left 标签指定的第一个地址中得到值 850，并把它放入 pulseLeft 变量中。第三个 READ 指令从 Pulses_Right 标签指定的第一个地址中得到值 650，并把它放入 pulseRight 变量中。注意，这些数值是上面代码段第 "0" 列的 3 个值，当用这些数值替换下面代码段中的变量时：

```
FOR counter = 1 TO pulseCount
    PULSOUT 13, pulseLeft
    PULSOUT 12, pulseRight
    PAUSE 20
NEXT
```

程序变为

```
FOR counter=1 TO 64
    PULSOUT 13, 850
    PULSOUT 12, 650
    PAUSE 20
NEXT
```

你还记得该代码段会使机器人产生怎样的基本动作吗？

- 预测一下当执行第二、第三和第四次循环后机器人会怎样动作?
- 预测一下当循环执行到第五次后会发生什么情况?
- 输入、保存并运行程序 EepromNavigationWithWordValues.bs2。

```
' EepromNavigationWithWordValues.bs2
' Store lists of word values that dictate.
' {$STAMP BS2}                    ' Stamp directive.
' {$PBASIC 2.5}                   ' PBASIC directive.


DEBUG "Program Running!"


'--[ Variables ]----------------------------------------
counter VAR Word
pulseCount VAR Word               ' Stores number of pulses.
addressOffset VAR Byte            ' Stores offset from label.
instruction VAR Byte              ' Stores EEPROM instruction.
pulseRight VAR Word               ' Stores servo pulse widths.
pulseLeft VAR Word


' --[ EEPROM Data ]----------------- --------------------------
addressOffset            0           2           4           6        8
Pulses_Count   DATA   Word 64,    Word 24,    Word 24,    Word 64, Word 0
Pulses_Left    DATA   Word 850,   Word 650,   Word 850,   Word 650
Pulses_Right   DATA   Word 650,   Word 650,   Word 850,   Word 850


' -[ Initialization ]-------- ------------------------
FREQOUT 4, 2000, 3000             ' Signal program start/reset.
```

```
' --[ Main Routine ]---- ------------------------------
DO
    READ Pulses_Count + addressOffset, Word pulseCount
    READ Pulses_Left + addressOffset, Word pulseLeft
    READ Pulses_Right + addressOffset, Word pulseRight
    addressOffset = addressOffset + 2
    FOR counter = 1 TO pulseCount
        PULSOUT 13, pulseLeft
        PULSOUT 12, pulseRight
        PAUSE 20
    NEXT
LOOP UNTIL (pulseCount = 0)

END                                           ' Stop executing until reset.
```

你的机器人是否执行了向前—向左—向右—向后的顺序动作呢？

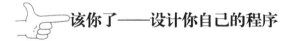该你了——设计你自己的程序

- 以一个新的文件名保存程序 EepromNavigationWithWordValues.bs2。
- 用下面的代码段代替程序中的 DATA 语句。

```
Pulses_Count DATA    Word 60, Word 80, Word 100, Word 110,
                     Word 110, Word 100, Word 80, Word 60, Word 0
Pulses_Left  DATA    Word 850, Word 800, Word 785, Word 760, Word 750,
                     Word 740, Word 715, Word 700, Word 650, Word 750
Pulses_Right DATA    Word 650, Word 700, Word 715, Word 740, Word 750,
                     Word 760, Word 785, Word 800, Word 850, Word 750
```

- 运行更改后的程序,观察机器人会怎样运动。
- 做一个三行的表格,行对应 DATA 指令,列是想让机器人做的动作。在 Pulses_Count 行中增加 Word 0 项。
- 用这个表列出机器人运行方案,填充每个动作代码段所需的 FOR...NEXT 循环的参数 EndValue 和 PULSOUT 指令的参数 Duration。
- 用新的数据代替 DATA 指令。
- 输入、保存并运行程序,看机器人是不是按你的想法运动,继续调试直到满意为止。

 ## 工程素质和技能归纳

- 学会机器人基本动作的归纳、定义和程序编写方法。
- 学会机器人基本动作的精确调整方法和迭代调试方法。
- 学会机器人运动速度的测量方法。
- 能够在测量出机器人的运动速度后,根据需要运行的距离计算出程序所需的循环次数。
- 学会机器人匀加速和匀减速运动的编程方法。
- 掌握子程序的概念和使用方法,能够利用子程序简化机器人巡航程序。
- 掌握微控制器内存映射的概念,掌握 DATA 指令的使用方法。
- 掌握 SELECT...CASE...ENDSELECT 语句和 DO...LOOP 循环条件的使用方法。
- 能够用本讲中新的功能语句进一步简化机器人巡航程序。

第 5 讲　机器人触觉导航

 学习情境

许多自动化机械设备都需要使用触觉开关。例如，当机器人碰到物体时，触觉开关就会察觉，通过对机器人编程使其能够拾取物体并将物体放置于别处；工厂利用触觉开关来计算生产线上的工件数量；数控设备用触觉开关保护运动机构不被撞坏；在工业加工过程中，触觉开关可被用来排列物体。在所有这些实例中，触觉开关提供的输入信息决定了设备控制器的输出，进而决定接下来将采取的动作。在本讲中，我们将在机器人上安装一个被称为胡须的触觉开关，通过对机器人编程来监视触觉开关的状态及决定当它遇到障碍物时应该如何动作，最终的结果是使机器人能够通过触觉实现自动导航。

触觉导航

之所以将触觉开关称为胡须，是因为这些触觉开关看起来很像胡须，尽管有些人争论说它更像触角。胡须让机器人有能力通过接触来判断周边的环境，这一点很像蚂蚁的触角或猫的胡须。本讲的任务是使用胡须来增加机器人的功能。

任务 1：安装并测试机器人的胡须

在编程让机器人通过胡须自动导航之前，必须先安装并测试胡须。本任务将指导你完成这些工作。

搭建胡须电路

- 准备好胡须硬件，如图 5.1 所示。

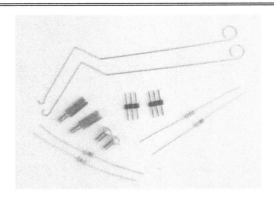

图 5.1　胡须硬件

部件清单如下。
(1) 金属丝（胡须）2 根。
(2) 平头 M3×5 盘头螺钉 2 个。
(3) 13mm 铜螺柱 2 个。
(4) M3 尼龙垫圈 2 个。
(5) 3-pin 公-公接头 2 个。
(6) 220Ω 电阻（红-红-棕）2 个。
(7) 10kΩ 电阻（棕-黑-橙）2 个。

● 断开 BasicDuino 微控制器的电源。
● 按照图 5.2 所示将机器人胡须安装到面包板上。

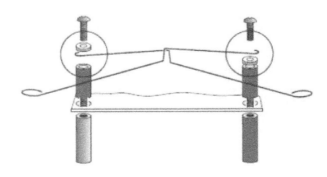

图 5.2　安装机器人胡须

第 5 讲 机器人触觉导航

按照如图 5.3 所示胡须电路示意图和图 5.4 所示胡须安装实物图在面包板上将电路搭建好。左边的胡须（固定在面包板右侧）通过 220Ω 的电阻接至微控制器的 P5 端口，右边的胡须（固定在面包板左侧）通过 220Ω 的电阻接至微控制器的 P7 端口。

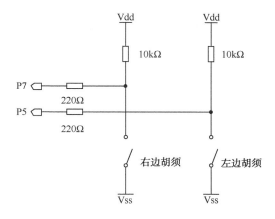

图 5.3 胡须电路示意图

图 5.4 胡须安装实物图

图 5.3 中两个 220Ω 的电阻可以有效防止电路短路。安装胡须后的基础机器人如图 5.5 所示。

图 5.5 安装胡须后的基础机器人

需要特别注意的一点是,面包板需要与 BasicDuino 微控制器共地,所以要将 BasicDuino 微控制器的负极(GND)与胡须相连,具体连接方式如图 5.6 所示。

图 5.6 微控制器的负极与胡须共地连接

测试胡须

观察图 5.3 所示的胡须电路示意图,每根胡须都有一个机械式、接地常开的单刀单掷开关。

第5讲 机器人触觉导航

胡须接地（Vss）是因为 BasicDuino 微控制器边缘的安装孔（镀有金属）都连接到 Vss。金属支架和螺钉提供电气连接给胡须。

通过编程让 BasicDuino 微控制器探测到什么时候胡须被按下。连接到每个开关电路的 I/O 端口监视着 10kΩ 上拉电阻上的电压变化。当胡须没有被按下时，连接胡须的 I/O 端口的电压是 5V；当胡须被按下时，I/O 端口短接到地，所以 I/O 端口的电压是 0V。

PBASIC 程序开始运行时，所有的 I/O 端口默认为输入。也就是说，连接到胡须的 I/O 端口会自动作为输入。如果 I/O 端口上的电压为 5V（胡须没有被按下），则其寄存器存储 1；如果电压为 0V（胡须被按下），则其寄存器存储 0。可以用调试终端显示这些数值。

注意：连接到 P7 端口的胡须的状态值 1 或 0 存储在一个名叫 IN7 的变量中。IN7 叫作输入寄存器，输入寄存器变量是一个内嵌的变量，不需要在程序开始时声明。你可以使用指令 DEBUG BIN1 IN7 来查看存储在该变量中的值。BIN1 是 DEBUG 格式符，告诉调试终端显示的是一个二进制值（1 或 0）。

例程：TestWhiskers.bs2

本例程用来测试胡须的功能是否正常。通过显示存储在 P7 和 P5 的输入寄存器（IN7 和 IN5）中的二进制数值，测试 BasicDuino 微控制器是否检测到胡须的状态。当相应输入寄存器的存储值为 1 时，说明胡须没有被按下；当存储值为 0 时，说明胡须被按下。

- 重新接通微控制器和伺服电机的电源。
- 输入、保存并运行程序 TestWhiskers.bs2。

由于这个例程要用到调试终端，所以当程序运行时要确保 USB 下载线已连接到 BasicDuino 微控制器上。

```
' TestWhiskers.bs2
' Display what the I/O pins connected to the whiskers sense.
' {$STAMP BS2}                 ' Stamp directive.
' {$PBASIC 2.5}                ' PBASIC directive.

DEBUG "WHISKER STATES", CR,
"Left Right", CR,
```

"------ ------"

DO
    DEBUG CRSRXY, 0, 3,
    "P5 = ", BIN1 IN5,
    " P7 = ", BIN1 IN7

    PAUSE 50
LOOP

- 注意观察调试终端的显示值，此时 P7 和 P5 的显示值都应该为 1。
- 对照图 5.4，弄清楚哪根胡须是"左胡须"，哪根胡须是"右胡须"。
- 把右胡须接至 3-pin 接头上，注意观察调试终端的数值，此时数值应该为 P5=1、P7=0。
- 同时把两根胡须接至各自的 3-pin 接头上，观察调试终端的数值，此时数值应该为 P5=0、P7=0。
- 如果两根胡须均通过测试，则可以继续进行下面的任务，否则检查程序或电路，直至得到上述结果。

注意：CRSRXY 是 DEBUG 指令的格式符，可以将执行程序发送到调试终端的信息安排到指定的位置。例程中的 CRSRXY,0,3 将光标定位到调试终端的第 0 列和第 3 行的位置。这个位置正好在表头"WHISKER STATES"的下方。每经过一次循环，新的值都将覆盖旧的值，因为每次循环后光标都会回到同一个地方。

任务 2：现场测试胡须

在后面的例程中，你必须脱机测试胡须。没有了计算机的调试终端，你该怎么办呢？一种解决的办法是对 BasicDuino 微控制器编程，让它根据接收到的输入信号发送一个相对应的输出信号。下面利用一个 LED 显示电路和一段程序来测试胡须，由程序基于胡须的输入控制 LED 灯的亮灭。

部件清单如下。

(1) 220Ω电阻(红-红-棕)2个。
(2) 红色 LED 灯 2 个。

搭建 LED 胡须测试电路

- 断开 BasicDuino 微控制器的电源。
- 参照图 5.7 所示的 LED 胡须测试电路图完成实际接线。

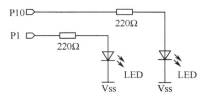

图 5.7 LED 胡须测试电路图

对 LED 胡须测试电路编程

- 重新接通 BasicDuino 微控制器的电源。
- 将程序 TestWhiskers.bs2 另存为 TestWhiskersWithLeds.bs2。
- 在 PAUSE 50 和 LOOP 之间插入以下两段 IF...THEN 语句。

```
    IF (IN7 = 0) THEN
        HIGH 1
    ELSE
        LOW 1
    ENDIF


    IF (IN5 = 0) THEN
        HIGH 10
    ELSE
        LOW 10
    ENDIF
```

在后面的任务中将会更全面地介绍 IF...THEN 语句。这些语句在 PBASIC 语言中用于进行条件判断。第一段 IF...THEN 语句判断当连接到 P7 端口的胡须被按下（IN7=0）时，设置 P1 端口为高电平，LED 灯亮；ELSE 部分表示当胡须没有被按下时，设置 P1 端口为低电平，LED 灯灭。第二段 IF...THEN 语句对连接到 P5 端口的胡须和连接到 P10 端口的 LED 灯做同样的判断。

- 运行程序 TestWhiskersWithLeds.bs2。
- 轻轻按下胡须，测试上述程序。如果每根胡须在接触到自己的 3-pin 接头时红色 LED 灯均变亮，则测试通过。

任务 3：胡须导航

在本任务中，我们将编写胡须导航程序，使机器人能利用胡须检测到的信息实现自动导航。在机器人行走过程中，如果有胡须被按下，则意味着该胡须碰到了什么。导航程序将接收这些输入信息，判断这些信息的意义，然后调用一系列子程序，使机器人倒退、旋转并朝不同的方向行走。

编写程序，使机器人能够基于胡须导航

当机器人向前行走碰到障碍物时，它的一根或两根胡须会被按下，此时可以调用第 4 讲中的基本动作子程序使机器人倒退或转弯，以避开障碍物重新向前行走，直到遇到另一个障碍物后再重复上述过程。

为了实现上述功能，需要编程使机器人能够进行条件判断。PBASIC 语言中有一个条件判断指令语句 IF...THEN，其使用格式如下：

```
IF (condition) THEN ... {ELSEIF (condition)} ... {ELSE} ... ENDIF
```

句中的"..."表示可以在此放置一个代码段（由一条或多条指令组成）。下面的代码段是 IF...THEN 指令语句的使用说明。

```
IF (IN5 = 0) AND (IN7 = 0) THEN
    GOSUB Back_Up            ' Both whiskers detect obstacle
    GOSUB Turn_Left          ' Back up & U-turn (left twice)
    GOSUB Turn_Left
```

```
    ELSEIF (IN5 = 0) THEN          ' Left whisker contacts
        GOSUB Back_Up              ' Back up & turn right
        GOSUB Turn_Right
    ELSEIF (IN7 = 0) THEN          ' Right whisker contacts
        GOSUB Back_Up              ' Back up & turn left
        GOSUB Turn_Left
    ELSE                           ' Both whiskers 1, no contacts
        GOSUB Forward_Pulse        ' Apply a forward pulse &
    ENDIF                          ' check again
```

下面的例程可以实现基于胡须的输入状态做出选择,然后调用相关子程序使机器人动作。

例程: RoamingWithWhiskers.bs2

● 重新接通 BasicDuino 微控制器的电源。
● 输入、保存并运行程序 RoamingWithWhiskers.bs2。

当机器人在行走过程中遇到障碍物时,它将后退、旋转并向另一个方向行走。

```
' -----[ Title ]--------------------------------------------------
' RoamingWithWhiskers.bs2
' Robot uses whiskers to detect objects, and navigates around them.
' {$STAMP BS2}                     ' Stamp directive.
' {$PBASIC 2.5}                    ' PBASIC directive.

DEBUG "Program Running!"
' -----[ Variables ]----------------------------------------------
pulseCount VAR Byte                ' FOR...NEXT loop counter.
' -----[ Initialization ]-----------------------------------------
FREQOUT 4, 2000, 3000              ' Signal program start/reset.
```

```
' -----[ Main Routine ]----------------------------------------------------
DO
    IF (IN5 = 0) AND (IN7 = 0) THEN
        GOSUB Back_Up              ' Both whiskers detect obstacle
        GOSUB Turn_Left            ' Back up & U-turn (left twice)
        GOSUB Turn_Left
    ELSEIF (IN5 = 0) THEN          ' Left whisker contacts
        GOSUB Back_Up              ' Back up & turn right
        GOSUB Turn_Right
    ELSEIF (IN7 = 0) THEN          ' Right whisker contacts
        GOSUB Back_Up              ' Back up & turn left
        GOSUB Turn_Left
    ELSE                           ' Both whiskers 1, no contacts
        GOSUB Forward_Pulse        ' Apply a forward pulse&
    ENDIF                          ' check again
LOOP


' -----[ Subroutines ]-----------------------------------------------------
Forward_Pulse:                     ' Send a single forward pulse.
    PULSOUT 13,850
    PULSOUT 12,650
    PAUSE 20
RETURN


Turn_Left:                         ' Left turn, about 90-degrees.
```

```
        FOR pulseCount = 0 TO 20
            PULSOUT 13, 650
            PULSOUT 12, 650
            PAUSE 20
        NEXT
    RETURN


    Turn_Right:                          ' Right turn, about 90-degrees.
        FOR pulseCount = 0 TO 20
            PULSOUT 13, 850
            PULSOUT 12, 850
            PAUSE 20
        NEXT
    RETURN


    Back_Up:                             ' Back up.
        FOR pulseCount = 0 TO 40
            PULSOUT 13, 650
            PULSOUT 12, 850
            PAUSE 20
        NEXT
    RETURN
```

带着胡须的机器人是如何漫游的

主程序中的 IF...THEN 语句用于检测胡须所有可能的状态。如果两根胡须都被按下（IN5=0 和 IN7=0），则调用 Back_Up 子程序，紧接着调用两次 Turn_Left 子程序实现调头；如果只是左胡须被按下（IN5=0），则主程序调用 Back_Up 子程序，再调用 Turn_Right 子程序；如果只是右胡须被按下（IN7=0），则主程序调用 Back_Up 子程序，再调用 Turn_Left 子程序；如果两根胡须都没有被按下（IN5=1 和 IN7=1），在这种情况下 ELSE 指令调用 Forward_Pulse 子程序。

子程序 Turn_Left、Turn_Right 及 Back_Up 大家应该比较熟悉，但是子程序 Forward_Pulse 却有一个变动，它只发送一个脉冲，然后返回。这一点非常重要，因为机器人可以在向前行走时在每两个控制脉冲之间检测胡须的状态，即机器人在向前行走时，每秒要检测障碍物大约 40 次。

```
Forward_Pulse:
    PULSOUT 12,650
    PULSOUT 13,850
    PAUSE 20
    RETURN
```

一个全速前进的脉冲可以使机器人前进大约 1/2cm。发送一个控制脉冲，然后检测胡须状态是一个好主意。由于 IF...THEN 语句一般嵌套在 DO...LOOP 之中，所以每次程序从 Forward_Pulse 返回都要运行到 LOOP 语句处，然后再返回到 DO，此时 IF...THEN 语句会再次执行检测胡须的状态。

该你了

可以调整 Turn_Right 和 Turn_Left 子程序中 FOR...NEXT 循环的参数 EndValue 的值来增大或减小伺服电机的转角。在空间比较狭小的地方，可以调整 Back_Up 子程序中参数 EndValue 的值来减小后退的距离。

- 在程序 RoamingWithWhiskers.bs2 的子程序中，尝试着对 FOR...NEXT 循环中的参数 EndValue 取不同的值。
- 修改 IF...THEN 语句，用 LED 灯指示机器人的胡须状态。修改后的代码段如下：

```
IF (IN5 = 0) AND (IN7 = 0) THEN
    HIGH 10
    HIGH 1
```

```
        GOSUB Back_Up
        GOSUB Turn_Left
        GOSUB Turn_Left
ELSEIF (IN5 = 0) THEN
        HIGH 10
        GOSUB Back_Up
        GOSUB Turn_Right
ELSEIF (IN7 = 0) THEN
        HIGH 1
        GOSUB Back_Up
        GOSUB Turn_Left
ELSE
        LOW 10
        LOW 1
        GOSUB Forward_Pulse
ENDIF
```

任务 4：机器人迷路时的人工智能决策

你或许已经注意到机器人迷失在墙角里的情况。当机器人进入墙角时，左胡须触墙，于是它右转；当机器人再向前行走时，右胡须触墙，于是它左转；然后它再前进又会碰到左墙，右转后又再次碰到右墙……这时只能手动把它从困境中解救出来。

编程逃离墙角

可以修改 RoamingWithWhiskers.bs2 程序来解决这个问题，其诀窍是记下胡须被交替按下的总次数。具体来说，程序必须记住每根胡须在上次被按下时处于什么状态，并和当前被按下时的状态对比，如果状态相反，就在总数上加 1。如果这个总数超过了程序中预先给定的阈值，那么机器人就做一个"U"形转弯,并且把胡须交替计数器复位。

编写逃离墙角程序时,需要使用 IF...THEN 嵌套语句,即令程序先检查一种条件,如果该条件成立(条件为真),则再检查包含于这个条件之内的另一个条件。下面是一个伪码例程,用于说明嵌套语句的用法。

```
IF condition1 THEN
    commands for condition1
    IF condition2 THEN
        commands for both condition2 and condition1
    ELSE
        commands for condition1 but not condition2
    ENDIF
ELSE
    commands for not condition1
ENDIF
```

下面是一个包含 IF...THEN 嵌套语句的例程,用于探测连续的、交替出现的胡须被按下的次数。

例程:EscapingCorners.bs2

该例程使机器人在第四次或第五次交替探测到墙角后,完成一个"U"形的转弯,具体次数依赖于哪一根胡须先被按下。

- 输入、保存并运行程序 EscapingCorners.bs2。
- 在机器人行走过程时,轮流按下它的胡须,测试该程序。在胡须被按下四次或五次之后,机器人会进行"U"形转弯,具体次数取决于你先按下了哪根胡须。

```
' -----[ Title ]-----------------------------------------

' EscapingCorners.bs2
' Robot navigates out of corners by detecting alternating whisker presses.

' {$STAMP BS2}                              ' Stamp directive.
```

第 5 讲 机器人触觉导航

```pbasic
' {$PBASIC 2.5}                        ' PBASIC directive.


DEBUG "Program Running!"


' -----[ Variables ]-------------------------------------------
pulseCount VAR Byte                    ' FOR...NEXT loop counter.
counter VAR Nib                        ' Counts alternate contacts.
old7 VAR Bit                           ' Stores previous IN7.
old5 VAR Bit                           ' Stores previous IN5.


' -----[ Initialization ]--------------------------------------
FREQOUT 4, 2000, 3000                  ' Signal program start/reset.
counter = 1                            ' Start alternate corner count.
old7 = 0                               ' Make up old values.
old5 = 1


' -----[ MainRoutine ]-----------------------------------------
DO

  ' --- Detect Consecutive Alternate Corners ------------------

  IF (IN7 <> IN5) THEN                 ' One or other is pressed.
    IF (old7 <> IN7) AND (old5 <> IN5) THEN ' Different from previous.
      counter = counter + 1            ' Alternate whisker count + 1.
      old7 = IN7                       ' Record this whisker press
      old5 = IN5                       ' for next comparison.
```

```
            IF (counter > 4) THEN        ' If alternate whisker count = 4,
                counter = 1              ' reset whisker counter
                GOSUB Back_Up            ' and execute a U-turn.
                GOSUB Turn_Left
                GOSUB Turn_Left
            ENDIF                        ' ENDIF counter > 4.
        ELSE                             ' ELSE (old7=IN7) or (old5=IN5),
            counter = 1                  ' not alternate, reset counter.
        ENDIF                            ' ENDIF (old7<>IN7) and (old5<>IN5).
    ENDIF                                ' ENDIF (IN7<>IN5).

    ' --- Same navigation routine from RoamingWithWhiskers.bs2 -----------

    IF (IN5 = 0) AND (IN7 = 0) THEN      ' Both whiskers detect obstacle
        GOSUB Back_Up                    ' Back up & U-turn (left twice)
        GOSUB Turn_Left
        GOSUB Turn_Left
    ELSEIF (IN5 = 0) THEN                ' Left whisker contacts
        GOSUB Back_Up                    ' Back up & turn right
        GOSUB Turn_Right
    ELSEIF (IN7 = 0) THEN                ' Right whisker contacts
        GOSUB Back_Up                    ' Back up & turn left
        GOSUB Turn_Left
    ELSE                                 ' Both whiskers 1, no contacts
        GOSUB Forward_Pulse              ' Apply a forward pulse
    ENDIF                                ' and check again
```

第5讲 机器人触觉导航

```
LOOP


' ----[ Subroutines ]-------------------------------------------
Forward_Pulse:                              ' Send a single forward pulse.
    PULSOUT 13,850
    PULSOUT 12,650
    PAUSE 20
RETURN


Turn_Left:                                  ' Left turn, about 90-degrees.
    FOR pulseCount = 0 TO 20
        PULSOUT 13, 650
        PULSOUT 12, 650
        PAUSE 20
    NEXT
RETURN


Turn_Right:                                 ' Right turn, about 90-degrees.
    FOR pulseCount = 0 TO 20
        PULSOUT 13, 850
        PULSOUT 12, 850
        PAUSE 20
    NEXT
RETURN


Back_Up:                                    ' Back up.
```

```
        FOR pulseCount = 0 TO 40
            PULSOUT 13, 650
            PULSOUT 12, 850
            PAUSE 20
        NEXT
    RETURN
```

程序 EscapingCorners.bs2 是如何工作的

由于该程序是由 RoamingWithWhiskers.bs2 修改而来的，所以只讨论与探测和逃离墙角相关的程序的新特征。

首先创建 3 个特别的变量用于探测墙角。半字节变量 counter 可以存储 0～15 中的任一数值。由于探测墙角的目标值设定为 4，所以变量的大小是合理的。old7 和 old5 是两个位变量，位变量只能保存一个二进制数 0 或 1，显然，用它们存储旧的位变量 IN7 和 IN5 是合适的。

```
        counter VAR Nib
        old7 VAR Bit
        old5 VAR Bit
```

变量必须经过初始化（给定初始值）。为了便于阅读程序，将 counter 设为 1，当机器人卡在墙角且此值累计到 4 时，counter 复位为 1。old7 和 old5 必须被赋值，以便看起来像两根胡须中的一根在程序开始之前就被按下了。这些工作之所以必须做，是因为探测墙角的程序总是对比交替被按下的部分，或 IN5=1 和 IN7=0，或 IN5=0 和 IN7=1。同样地，old7 和 old5 的值必须互不相同。

```
        counter = 1
        old7 = 0
        old5 = 1
```

现在来看如何探测连续和交替碰到墙角。首先检查是否有任何一根胡须被按下。简单的方法就是询问"是否 IN7 不同于 IN5？"在 PBASIC 语言中，可以在条件假设语句中应用不等于操作符"<>"，如

第5讲 机器人触觉导航

```
    IF (IN7 <> IN5) THEN
```

假如有胡须被按下,则检查当前状态是否与上次不同。换句话说,是 old7 不等于 IN7 (old7 <> IN7)和 old5 不等于 IN5 (old5 <> IN5)吗？如果是,就在胡须触动计数器上加 1,同时记下当前的状态,即设置 old7 等于当前的 IN7,old5 等于当前的 IN5。

```
        IF (old7 <> IN7) AND (old5 <> IN5) THEN
            counter = counter + 1
            old7 = IN7
            old5 = IN5
```

如果发现胡须连续四次被交替按下,则计数值置1,让机器人完成一个"U"形的转弯。

```
            IF (counter > 4) THEN
                counter = 1
                GOSUB Back_Up
                GOSUB Turn_Left
                GOSUB Turn_Left
            ENDIF
```

ENDIF 结束 IF counter > 4 代码段。

ELSE 语句接 IF (old7 <> IN7) AND (old5 <> IN5) THEN 语句。ELSE 语句说明当 IF 语句不为真时程序应该做什么。在胡须没有被交替按下时,计数值复位,因为此时机器人没有陷入墙角。

```
        ELSE
            counter = 1
```

接下来的 ENDIF 结束条件判断语句 IF (old7 <> IN7) AND (old5 <> IN5) THEN,最后一个 ENDIF 结束 IF (IN7 <> IN5) THEN。

程序中其余部分在前面几讲中已介绍过,此处不再赘述。

该你了

在程序 EscapingCorners.bs2 中有一个 IF...THEN 语句,用于检查 counter 是否已经达到 4。
- 尝试增加变量 counter 的数值为 5 和 6,观察程序运行结果。
- 尝试减小变量 counter 的数值,观察机器人在正常行走过程中是否有什么不同。

 工程素质和技能归纳

- 掌握机器人胡须电路的搭建方法和在线编程测试方法。
- 掌握机器人胡须的现场测试方法,包括 LED 胡须测试电路的搭建及编程实现。
- 掌握机器人胡须导航的程序设计方法和条件编程语句的使用方法。
- 掌握机器人逃离墙角的策略和条件语句的嵌套使用方法。

第6讲　用光敏电阻进行导航

学习情境

光在机器人和工业控制领域有着广泛的应用。在实际应用中，不同种类的光传感器可以提供不同的功能。本讲使用光传感器来探测可见光，并且检测不同光的亮度水平，以此来控制机器人的行为。

光敏电阻

在前面各讲中所用到的电阻都有固定值，如 220Ω、10kΩ。光敏电阻是一种电阻值随光强变化而变化的光传感器，即其阻值由照射到检测表面的光的亮度或强度决定。如图 6.1 所示是光敏电阻电气符号和实物图，在本讲中机器人将用光敏电阻检测不同光的亮度水平。

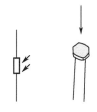

图 6.1　光敏电阻电气符号和实物图

任务1：搭建和测试光敏探测电路

本任务将用光敏电阻来搭建并测试光的亮度感应电路，光的亮度感应电路能够探测阴影和非阴影。判断光敏电阻是否感应到阴影的指令和判断胡须是否碰到物体的指令非常相似。

部件清单如下。

（1）光敏电阻 2 个。

（2）2kΩ电阻（红-黑-红）2个。
（3）220Ω电阻（红-红-棕）2个。
（4）连接线若干。
（5）470Ω电阻（黄-紫-棕）2个。
（6）1kΩ电阻（棕-黑-红）2个。
（7）4.7kΩ电阻（黄-紫-红）2个。
（8）10kΩ电阻（棕-黑-橙）2个。

搭建光敏探测电路

如图6.2所示是光敏探测电路原理图，图6.3是光敏探测电路接线图。

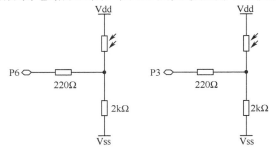

图6.2 光敏探测电路原理图

图6.3 光敏探测电路接线图

第6讲 用光敏电阻进行导航

- 断开 BasicDuino 微控制器的电源。
- 参照图 6.2 和图 6.3 完成光敏探测电路的实际接线。

光敏探测电路是如何工作的

BasicDuino 微控制器的 I/O 端口既可以作为输入口，又可以作为输出口。当作为输出口时，I/O 端口可以送出高电平（5V）或低电平（0V）信号，这些信号可被用来控制 LED 灯、伺服电机和扬声器。当作为输入口时，I/O 端口不会供给电压给与其连接的电路，它只监视电路状态，且不会对电路有任何影响。在第 5 讲中，输入寄存器用于存储指示胡须是否被按下的值。当检测到 5V 电压（胡须没有被按下）时，IN7 输入寄存器存储 1；当检测到 0V 电压（胡须被按下）时，IN7 输入寄存器存储 0。

设定为输入口的 I/O 端口实际上并不需要 5V 的电压来使其输入寄存器的值为 1，任何大于 1.4V 的电压都能使其输入寄存器的值为 1。同样地，设定为输入口的 I/O 端口也不需要 0V 的电压来使其输入寄存器的值为 0，任何小于 1.4V 的电压都能使其输入寄存器的值为 0。

当 BasicDuino 微控制器的 I/O 端口是输入口时，其等效电路如图 6.4 所示。光敏电阻的阻值用字母 R 来表示。如果光特别亮，则阻值非常小；如果是在完全黑暗的环境中，则阻值将接近 50kΩ。在一个带荧光天花板且光线较好的屋子里，光敏电阻的阻值可能小到 1kΩ（光线没有任何遮挡）或大到 25kΩ（用阴影遮住光敏电阻）。

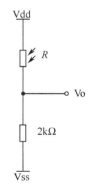

图 6.4 I/O 端口为输入口时的等效电路

由于光敏电阻的阻值随着光照强弱的变化而变化,故 Vo 的输出电压也随之改变。当 R 的阻值增大时,Vo 会减小;当 R 的阻值减小时,Vo 会增大。这实际上构成了一个光敏电阻分压器。Vo 是将 BasicDuino 微控制器的 I/O 端口作为输入口时检测到的电压。如果将上述等效电路接至 IN6,则当 Vo 大于 1.4V 时,IN6 寄存器存储 1;当 Vo 小于 1.4 V 时,IN6 寄存器存储 0。

探测阴影

阴影会使光敏电阻的阻值增大,进而使电压 Vo 减小。在一个灯光比较好的屋子里,2kΩ 电阻使 Vo 刚好大于 1.4V。如果用手投一个阴影,则 Vo 会小于临界值 1.4V。

在一个灯光比较好的屋子里,IN6 和 IN3 都会存储 1。如果在连接到 P6 的分压器的光敏电阻上投一个阴影,则 IN6 的值变为 0;同样地,如果在连接到 P3 的分压器的光敏电阻上投一个阴影,则 IN3 的值变为 0。

例程: TestPhotoresistorsDividers.bs2

本例程适用于光敏电阻分压器的检测。在一个光线比较好的屋子里,运行程序时 P6 和 P3 均为 1。当用手在一个或两个光敏电阻上投一个阴影时,它们所对应的值将变为 0。

- 重新接通 BasicDuino 微控制器的电源。
- 输入、保存并运行程序 TestPhotoresistorDividers.bs2。
- 验证没有阴影时 IN6 和 IN3 的值是否为 1。
- 验证当用手在每个光敏电阻上投一个阴影时,其对应的值是否会变为 0。
- 如果无论你是否投一个阴影,输入寄存器的值总是 0,则参考程序后面的光敏电阻分压器排错部分进行排错。继续调试,直到当你用手投一个阴影时输入寄存器的值可靠地变为 0 为止。

```
' TestPhotoresistorDividers.bs2
' Display what the I/O pins connected to the photoresistor
' voltage dividers sense.
' {$STAMP BS2}
' {$PBASIC 2.5}
```

第6讲 用光敏电阻进行导航

```
DEBUG "PHOTORESISTOR STATES", CR,
"Left Right", CR,
"------- --------"

DO
    DEBUG CRSRXY, 0, 3,
    "P6 = ", BIN1 IN6,
    "P3 = ", BIN1 IN3
    PAUSE 100
LOOP
```

光敏电阻分压器排错

先进行一般性检查。
- 检查接线和程序录入是否正确。
- 确认每个元件都牢固地插接。
- 检查电阻颜色。连接 Vss 和光敏电阻的是 2kΩ电阻（红-黑-红）。连接 P6 和 P3 到光敏电阻的是 220Ω电阻（红-红-棕）。

如果无论你是否投一个阴影，输入寄存器的 IN3 或 IN6 的值均为 0，此时进行如下检查。
- 如果房间微暗，建议增加光的亮度。也可以把 2kΩ 电阻换成 4.7kΩ 电阻（黄-紫-红）。这将使电阻在较低光亮环境下分得较高的电压。在光线相当暗的情况下，可以用 10kΩ 电阻（棕-黑-橙）。
- 如果房间较亮，必须把手捂住光敏电阻的采光面才能使寄存器的值从 1 变为 0，则可以用低阻值的电阻代替 2kΩ电阻，如可以尝试使用 1kΩ电阻（棕-黑-红）。如果在室外进行检测，则可以用 470Ω电阻（黄-紫-棕）来代替 2kΩ电阻。

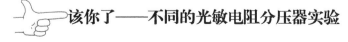该你了——不同的光敏电阻分压器实验

依据机器人所处的环境，选用较大或较小的电阻代替 2kΩ 的电阻，从而提高光敏电阻分压器的性能。记住，每次更换电阻时均应断开 BasicDuino 微控制器的电源。

- 试着用 470Ω、1kΩ、4.7kΩ、10kΩ 的电阻来代替 2kΩ 的电阻。
- 运行程序 TestPhotoresistorDividers.bs2,测试不同电阻组合下光敏电阻分压器的效果,判断哪个电阻组合最适合周围的环境。最好的组合应既不会过度敏感,又不需要用手捂住光敏电阻。

在下面的任务中使用你觉得效果最好的电阻组合。

任务 2:行走和躲避阴影

由于光敏电阻分压器的表现类似于前面的胡须,只需对程序 RoamingWith Whiskers.bs2 做少许修改就可以使其适用于光敏电阻分压器。

你所要做的是调整 IF…THEN 语句使其监测 IN6 和 IN3,而不是 IN5 和 IN7。如图 6.5 所示是修改前后的程序对比。

```
' From RoamingWithWhiskers.bs2
IF (IN5 = 0) AND (IN7 = 0) THEN
GOSUB Back_Up
GOSUB Turn_Left
GOSUB Turn_Left
ELSEIF (IN5 = 0) THEN
GOSUB Back_Up
GOSUB Turn_Right
ELSEIF (IN7 = 0) THEN
GOSUB Back_Up
GOSUB Turn_Left
ELSE
GOSUB Forward_Pulse
ENDIF
```

```
' Modified for
' RoamingWithPhotoresistor
' Dividers.bs2
IF (IN6 = 0) AND (IN3=0) THEN
GOSUB Back_Up
GOSUB Turn_Left
GOSUB Turn_Left
ELSEIF (IN6 = 0) THEN
GOSUB Back_Up
GOSUB Turn_Right
ELSEIF (IN3 = 0) THEN
GOSUB Back_Up
GOSUB Turn_Left
ELSE
GOSUB Forward_Pulse
ENDIF
```

图 6.5 更改程序 RoamingWithWhiskers.bs2 使其适用于光敏电阻分压器

第6讲 用光敏电阻进行导航

例程：RoamingWithPhotoresistorDividers.bs2

- 打开程序 RoamingWithWhiskers.bs2，将其另存为 RoamingWithPhotoresistorDividers.bs2。
- 按如图 6.5 所示对程序进行修改。
- 重新接通 BasicDuino 微控制器的电源。
- 运行并测试程序。
- 验证当用手在光敏电阻上投一个阴影时，机器人能否避开阴影。分别验证在无阴影时、遮住右边的光敏电阻（接至 P3 端口）时、遮住左边的光敏电阻（接至 P6 端口）时以及同时遮住两个光敏电阻时机器人的反应。
- 修改程序注释，使注释符合光敏电阻分压器的行为。修改完成后，你的程序应该与下面的程序类似。

```
' -----[ Title ]-------------------------------------------------------
' RoamingWithPhotoresistorDividers.bs2
' Robot detects shadows photoresistors voltage divider circuit and turns
' away from them.
' {$STAMP BS2}                  ' Stamp directive.
' {$PBASIC 2.5}                 ' PBASIC directive.

DEBUG "Program Running!"
' -----[ Variables ]---------------------------------------------------
pulseCount VAR Byte             ' FOR...NEXT loop counter.
' -----[ Initialization ]----------------------------------------------
FREQOUT 4, 2000, 3000           ' Start/restart signal.


' -----[ Main Routine ]------------------------------------------------
DO
    IF (IN6 = 0) AND (IN3 = 0) THEN      ' Both photoresistors detects
```

```
            GOSUB Back_Up                    ' shadow, back up & U-turn
            GOSUB Turn_Left                  ' (left twice).
            GOSUB Turn_Left
        ELSEIF (IN6 = 0) THEN                ' Left photoresistor detects
            GOSUB Back_Up                    ' shadow, back up & turn right.
            GOSUB Turn_Right
        ELSEIF (IN3 = 0) THEN                ' Right photoresistor detects
            GOSUB Back_Up                    ' shadow, back up & turn left.
            GOSUB Turn_Left
        ELSE                                 ' Neither photoresistor detects
            GOSUB Forward_Pulse              ' shadow, apply a forward pulse.
        ENDIF
    LOOP


' -----[ Subroutines ]--------------------------------------------------

Forward_Pulse:                               ' Send a single forward pulse.
    PULSOUT 12,650
    PULSOUT 13,850
    PAUSE 20
RETURN

Turn_Left:                                   ' Left turn, about 90-degrees.
    FOR pulseCount = 0 TO 20
        PULSOUT 12, 650
        PULSOUT 13, 650
```

```
        PAUSE 20
    NEXT
RETURN


Turn_Right:                             ' Right turn, about 90-degrees.
    FOR pulseCount = 0 TO 20
        PULSOUT 12, 850
        PULSOUT 13, 850
        PAUSE 20
    NEXT
RETURN


Back_Up:                                ' Back up.
    FOR pulseCount = 0 TO 40
        PULSOUT 12, 850
        PULSOUT 13, 650
        PAUSE 20
    NEXT
RETURN
```

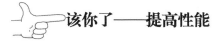该你了——提高性能

如图 6.6 所示，当两个光敏电阻都探测到阴影时，IF…THEN 语句中两个 Turn_Left 子程序调用被注释掉；当只有一个光敏电阻探测到阴影时，Back_Up 子程序调用被注掉，此时机器人仅以旋转来响应探测到的阴影。
- 修改程序 RoamingWithPhotoresistorDividers.bs2，如图 6.6 右半部分所示。
- 运行程序，比较运行新程序后机器人的避障性能是否有所提高。

```
' Excerpt from                        ' Modified excerpt from
' RoamingWithPhotoresistor            ' RoamingWithPhotoresistor
' Dividers.bs2                        ' Dividers.bs2
IF (IN6 = 0) AND (IN3 = 0) THEN       IF (IN6 = 0) AND (IN3 = 0) THEN
GOSUB Back Up                         GOSUB Back Up
GOSUB Turn Left                       ' GOSUB Turn Left
GOSUB Turn Left                       ' GOSUB Turn Left
ELSEIF (IN6 = 0) THEN                 ELSEIF (IN6 = 0) THEN
GOSUB Back Up                         ' GOSUB Back Up
GOSUB Turn Right                      GOSUB Turn Right
ELSEIF (IN3 = 0) THEN                 ELSEIF (IN3 = 0) THEN
GOSUB Back Up                         ' GOSUB Back Up
GOSUB Turn Left                       GOSUB Turn Left
ELSE                                  ELSE
GOSUB Forward Pulse                   GOSUB Forward Pulse
ENDIF                                 ENDIF
```

图 6.6 修改程序 RoamingWithPhotoresistorDividers.bs2

任务 3：更易于响应的阴影控制机器人

如果去掉导航子程序中的 FOR…NEXT 循环，则可以使机器人的响应更加迅速。这对于胡须导航来说是不可能的，因为机器人已经接触到物体，它在转向之前必须后退。当用阴影来引导机器人行走时，无论机器人向前行走还是做其他动作，它都会在每两个脉冲之间探测周围环境是否仍有阴影。

简单的阴影控制机器人

一个有趣的控制机器人的方法是让机器人处在正常的光亮环境下，然后让它跟随你在光敏电阻上方制造的阴影行走，这是一种引导机器人运动的简便方法。

例程：ShadowGuidedBoeBot.bs2

在本例程中，当没有阴影遮住光敏电阻时，机器人静止不动；当同时遮住两个光敏电阻时，机器人会向前移动；当只遮住一个光敏电阻时，机器人会向探测到阴影的光敏电阻一侧转动。

- 输入、保存并运行程序 ShadowGuidedBoeBot.bs2。
- 用手投阴影到光敏电阻上。
- 仔细分析这个程序，充分理解程序是怎样工作的。该程序很简单，但功能非常强大。

```
' ShadowGuidedBoeBot.bs2
' Boe-Bot detects shadows cast by your hand and tries to follow them.
' {$STAMP BS2}                   ' Stamp directive.
' {$PBASIC 2.5}                  ' PBASIC directive.

DEBUG "Program Running!"
FREQOUT 4, 2000, 3000            ' Start/restart signal.

DO
    IF (IN6 = 0) AND (IN3 = 0) THEN   ' Both detect shadows, forward.
        PULSOUT 13, 850
        PULSOUT 12, 650
    ELSEIF (IN6 = 0) THEN             ' Left detects shadow,
        PULSOUT 13, 750               ' pivot left.
        PULSOUT 12, 650
    ELSEIF (IN3 = 0) THEN             ' Right detects shadow,
        PULSOUT 13, 850               ' pivot right.
        PULSOUT 12, 750
    ELSE
```

基础机器人制作与编程（第 3 版）

```
            PULSOUT 13, 750              ' No shadow, sit still
            PULSOUT 12, 750
        ENDIF
        PAUSE 20                         ' Pause between pulses.
    LOOP
```

程序 ShadowGuidedBoeBot.bs2 是如何工作的

DO…LOOP 循环中的 IF…THEN 语句用于进行条件判断：两个光敏电阻都探测到阴影、左侧光敏电阻探测到阴影、右侧光敏电阻探测到阴影、两个光敏电阻都没探测到阴影。依据探测到的阴影情况，PULSOUT 指令给下面的一个动作发出脉冲：向前、右转、左转、静止。无论阴影情况如何，在 DO…LOOP 循环中每次都会发送四组脉冲中的一个。在 IF…THEN 语句之后，要执行 PAUSE 20 来保证伺服脉冲之间有 20ms 的低电平。

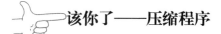该你了——压缩程序

程序 ShadowGuideBoeBot.bs2 不需要 ELSE 条件和后面的两个 PULSOUT 指令。如果没有发送脉冲，则机器人会静止不动，就像把 750 赋值给 PULSOUT 指令的参数 Duration 一样。

- 删除或注释掉下面的代码段：

    ELSE

    PULSOUT 13, 750

    PULSOUT 12, 750

- 运行修改后的程序。
- 观察机器人的运动有什么不同吗？

任务 4：从光敏电阻中得到更多的信息

BasicDuino 微控制器从光敏探测电路中得到的信息仅是光的强度高于还是低于阈值。本任

务将介绍一种不同的电路，使 BasicDuino 微控制器能够通过该电路监测并收集足够的信息以确定相对光强。BasicDuino 微控制器从电路中得到的值的范围从小到大，小值表明光比较强，大值表明光比较弱。这就意味着，基于不同光强我们可以不用手工替换电阻的阻值，只需调整程序就可以寻找不同范围的值。

电容器简介

电容器是存储电荷的电路基本元件。电容器存储了多少电荷通常用法拉（F）来表示，1F是一个非常大的值，在实际电路中并不实用。本任务所使用的电容器存储的电荷量是百万分之几法拉。1F 的百万分之一叫作微法，用 μF 表示。

如图 6.7 所示是 0.01μF 电容器的电路符号和电容器的实物图，电容器上的 103 表示它的电容值。

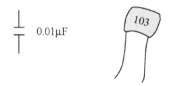

图 6.7 电容器的电路符号和实物图

部件清单如下。

（1）光敏电阻 2 个。
（2）0.01μF（103）电容器 2 个。
（3）220Ω电阻（红-红-棕）2 个。
（4）连接线若干。

重新搭建光敏探测电路

BasicDuino 微控制器用来判断光的强度的电路叫作阻容电路（简称 RC 电路）。如图 6.8 所示是机器人的两个 RC 光敏探测电路原理图，如图 6.9 所示是两个 RC 光敏探测电路在 BasicDuino 微控制器上的接线图。

● 断开 BasicDuino 微控制器的电源。
● 参照图 6.8 和图 6.9 完成两个 RC 光敏探测电路的实际接线。

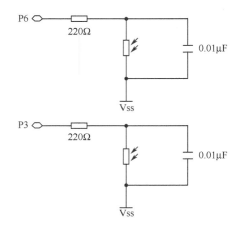

图 6.8 两个 RC 光敏探测电路原理图

图 6.9 两个 RC 光敏探测电路的接线图

RC 衰减时间

把如图 6.10 所示电路中的电容看作一个微小的可充电电池。当 P6 发送一个高电平信号时,实质上是将 5V 电压加在电容上给它充电,几毫秒后,电容的电压几乎达到 5V。如果通过编程改变 I/O 端口使其仅监测电压，则电容会通过光敏电阻放电。当电容通过光敏电阻放电时，其两端电压逐渐衰减，IN6 检测到电压降到 1.4V 所用的时间取决于光敏电阻阻值的大小。如果外界光线比较弱，光敏电阻的阻值较大，则电容需要较长的时间放电；如果外界光线非常强，光敏电阻的阻值较小，则由于它阻止电流的能力很弱，电容会很快失去电荷。

测量 RC 衰减时间

可以通过编程使 BasicDuino 微控制器先给电容充电，再测量电容两端电压衰减到 1.4V 所用的时间。测得的衰减时间可以用来表征光敏电阻的阻值，阻值又可以反映光敏电阻探测到的光的强弱。这个测量需要使用 HIGH 指令和 PAUSE 指令及一条新指令 RCTIME。RCTIME 指令用来测量如图 6.10 所示电路的 RC 衰减时间，下面是它的语法结构：

RCTIME Pin, State, Duration

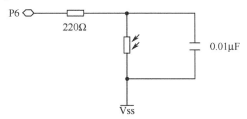

图 6.10　连接到 P6 的 RC 光敏探测电路

参数 Pin 是要测量的 I/O 端口，例如，如果要测量 P6，则参数 Pin 应该是 6。参数 State 可以是 1，也可以是 0。如果电容两端电压从高于 1.4V 向下衰减，则参数 State 为 1；如果电容两端电压从小于 1.4V 向上增加，则参数 State 为 0。在如图 6.10 所示的电路中，电容两端的电压从接近 5V 衰减到 1.4V，因而参数 State 应为 1。Duration 是存储测量时间的变量，其单位是 2μs。

在测量 RC 衰减时间之前，先要定义一个存储测量时间的变量。

timeLeft VAR Word

下面三行代码用于实现先给电容充电、再测量 RC 衰减时间，并将测量值存储在 timeLeft 变量中。

```
HIGH 6
PAUSE 3
RCTIME 6,1,timeLeft
```

代码执行分以下三步。
- 为电路提供 5V 电压，给电容充电。
- 用 PAUSE 指令给 HIGH 指令足够的时间为电容充电。
- 执行 RCTIME 指令，测量 RC 衰减时间，并将测量值存储在 timeLeft 变量中。

例程：TestP6Photoresistor.bs2

- 接通 BasicDuino 微控制器的电源。
- 输入、保存并运行程序 TestP6Photoresistor.bs2。
- 投一个阴影在连接到 P6 的光敏电阻上，验证随着光线逐渐变暗，测量值是否逐渐增大。
- 将光敏电阻的采光面指向一个光源或用手电筒照射它，此时测量值应该非常小。当逐渐将光敏电阻的采光面偏离光源时，测量值会逐渐增大。如果投一个阴影或关掉光源，则测量值会更大。

```
' TestP6Photoresistor.bs2
' Test Boe-Bot photoresistor circuit connected to P6 and display
' the decay time.
' {$STAMP BS2}            ' Stamp directive
' {$PBASIC 2.5}           ' PBASIC directive.


timeLeft VAR Word


DO
    HIGH 6
    PAUSE 2
    RCTIME 6,1,timeLeft
```

```
      DEBUG HOME, "timeLeft = ", DEC5 timeLeft
      PAUSE 100
  LOOP
```

- 将程序 TestP6Photoresistor.bs2 另存为 TestP3Photoresistor.bs2。
- 修改程序，将 HIGH 指令和 RCTIME 指令中的参数 Pin 由 6 改为 3。测量机器人右侧的光敏电阻（连接到 P3）的 RC 衰减时间。
- 重复进行上面的阴影测试和强光测试，验证右侧光敏电阻的工作是否正常。

任务 5：用手电筒光束引导机器人行走

在本任务中将测试和校正机器人光敏电阻的位置，使它能够识别环境光和手电筒光束，并通过编程使机器人能够跟随指向它的前方手电筒光束行走。

调节光敏电阻的角度，使它能够找到手电筒光束。提示：如果光敏电阻的采光面指向机器人前方 5.1cm 处，则本任务会完成得最好。

如图 6.11 所示，调节光敏电阻的采光面使其指向机器人前面 5.1cm 处。

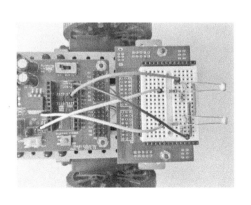
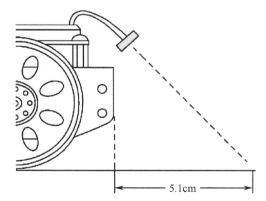

图 6.11 调节光敏电阻的方向

测试光敏电阻对手电筒光束的响应

在编程使机器人朝着手电筒光束运动之前，必须知道机器人前方有无手电筒光束，以及对应的机器人光敏电阻输出的时间区别。

例程： TestBothPhotoresistors.bs2

- 输入、保存并运行程序 TestBothPhotoresistors.bs2。
- 将机器人放置在地面上，控制机器人跟随手电筒光束行走，确保机器人和串口电缆连接可靠，并且测量结果能够在调试终端显示。
- 在表 6-1 第二行中记录没有手电筒光束时的时间测量值。
- 打开手电筒，将光束聚焦在机器人前方。
- 此时的时间测量值应该明显低于第一次的测量值。在表 6-1 第三行中记录本次时间测量值。

表 6-1　有无手电筒光束时的时间测量值

左侧测量值	右侧测量值	描　　述
		没有手电筒光束时的时间测量值（环境光）
		在机器人正前方有手电筒光束时的时间测量值

```
' TestBothPhotoresistors.bs2
' Test Boe-Bot RC photoresistor circuits.
' {$STAMP BS2}              ' Stamp directive.
' {$PBASIC 2.5}             ' PBASIC directive.


timeLeft VAR Word           ' Variable declarations.
timeRight VAR Word
DEBUG "PHOTORESISTOR VALUES", CR,    ' Initialization.
"timeLeft timeRight", CR,
"-------- ---------"
```

```
DO                                  ' Main routine.
    HIGH 6                          ' Left RC time measurement.
    PAUSE 3
    RCTIME 6,1,timeLeft
    HIGH 3                          ' Right RC time measurement.
    PAUSE 3
    RCTIME 3,1,timeRight
    DEBUG CRSRXY, 0, 3,             ' Display measurements.
    DEC5 timeLeft,
    " ",
    DEC5 timeRight
    PAUSE 100
LOOP
```

- 让机器人面朝不同的方向，重复上述测量过程。
- 要取得更好的结果，可以将有无手电筒光束所测得的结果取平均值，替代表 6-1 中的结果。

跟随手电筒光束

在前面几讲中，我们已经使用了变量声明。例如，counter VAR Nib 声明可以在 BasicDuino 微控制器的 RAM 中分配给 counter 一个特殊的内存位置。当定义了这个变量之后，每次在 PBASIC 程序中使用它时，都将使用 BasicDuino 微控制器的 RAM 中该特殊位置所存储的值。

我们也可以声明常量。当计划在程序中使用一个常数时，可以给它取一个有用的名字。声明时不再使用 VAR，而使用 CON。下面是在以后的例程中将要用到的一些常量。

LeftAmbient	CON 108
RightAmbient	CON 114
LeftBright	CON 20
RightBright	CON 22

声明常量后，程序在任何地方使用 LeftAmbient 时 BasicDuino 微控制器都会使用 108 来代替它；当使用 RightAmbient 时，BasicDuino 微控制器会使用 114 来代替它；同样地，无论 LeftBright 出现在程序的哪个地方，它的实际值都是 20；而 RightBright 的实际值都是 22。在实际运行程序之前，必须用表 6-1 中的测量值代替上述值。

常量也可被用来计算其他的常量。下面是两个常量的例子，它们分别是 LeftThreshold 和 RightThreshold，它们由刚才所说的 4 个常量计算而来。LeftThreshold 和 RightThreshold 在程序中用来计算手电筒光束是否被探测到。

```
' Average Scale factor
LeftThreshold CON LeftBright + LeftAmbient/2 * 5/8
RightThreshold CON RightBright + RightAmbient/2 * 5/8
```

上述常量运算首先是取平均值，然后乘以一个比例系数。LeftThreshold 的值是 LeftBright 与 LeftAmbient 的和除以 2，将得到的结果再乘以 5 并除以 8。具体来说，LeftThreshold 是一个常量，它的值是 LeftBright 和 LeftAmbient 的平均值的 5/8。

例程：FlashlightControlledBoeBot.bs2

- 将程序 FlashlightControlledBoeBot.bs2 输入到 BASIC Stamp 编辑器中。
- 用表 6-1 中没有手电筒光束时的 timeLeft 测量值代替 LeftAmbient CON 指令中的 108。
- 用没有手电筒光束时的 timeRight 测量值代替 RightAmbient CON 指令中的 114。
- 用有手电筒光束时的 timeLeft 测量值代替 LeftBright CON 指令中的 20。
- 用有手电筒光束时的 timeRight 测量值代替 RightBright CON 指令中的 22。
- 接通 BasicDuino 微控制器的电源。
- 保存、运行程序 FlashlightControlledBoeBot.bs2。
- 试验并计算将光束聚集在哪里可以使机器人向前走、左转和右转。
- 用光束引导机器人穿过不同的障碍物。

第6讲 用光敏电阻进行导航

```
' -----[ Title ]-------------------------------------------------
' FlashlightControlledBoeBot.bs2
' Boe-Bot follows flashlight beam focused in front of it.
' {$STAMP BS2}              ' Stamp directive.
' {$PBASIC 2.5}             ' PBASIC directive.

DEBUG "Program Running!"

' -----[ Constants ]---------------------------------------------
' REPLACE THESE VALUES WITH THE VALUES YOU DETERMINED AND ENTERED INTO
' TABLE 6.1.
LeftAmbient CON 108
RightAmbient CON 114
LeftBright CON 20
RightBright CON 22
' Average Scale factor
LeftThreshold CON LeftBright + LeftAmbient/2 * 5/8
RightThreshold CON RightBright + RightAmbient/2 * 5/8
' -----[ Variables ]---------------------------------------------
' Declare variables for storing measured RC times of the
' left & right photoresistors.
timeLeft VAR Word
timeRight VAR Word
' -----[ Initialization ]----------------------------------------
```

```
FREQOUT 4,2000,3000


' -----[ Main Routine ]---------------------------------------
DO
    GOSUB Test_Photoresistors
    GOSUB Navigate
LOOP


' -----[ Subroutine - Test_Photoresistors ]-------------------------
Test_Photoresistors:
    HIGH 6                      ' Left RC time measurement.
    PAUSE 3
    RCTIME 6,1,timeLeft
    HIGH 3                      ' Right RC time measurement.
    PAUSE 3
    RCTIME 3,1,timeRight
RETURN


' -----[ Subroutine Navigate ]---------------------------------------
Navigate:
    IF (timeLeft < LeftThreshold) AND (timeRight < RightThreshold) THEN
        PULSOUT 13, 850         ' Both detect flashlight beam
        PULSOUT 12, 650         ' full speed forward.
    ELSEIF (timeLeft < LeftThreshold) THEN      ' Left detects flashlight beam
        PULSOUT 13, 700         ' pivot left.
        PULSOUT 12, 700
```

```
        ELSEIF (timeRight < RightThreshold) THEN    ' Right detects flashlight beam
            PULSOUT 13, 800                         ' pivot right.
            PULSOUT 12, 800
        ELSE
            PULSOUT 13, 750                         ' No flashlight beam, sit still.
            PULSOUT 12, 750
        ENDIF
        PAUSE 20                                    ' Pause between pulses.
    RETURN
```

程序 FlashlightControlledBoeBot.bs2 是如何工作的

下面是使用表 6-1 中的测量值声明的 4 个常量。

```
LeftAmbient CON 108
RightAmbient CON 114
LeftBright CON 20
RightBright CON 22
```

下面两行程序取常量的平均值并乘以一个比例系数,从而得到程序所需的阈值,然后通过比较阈值、timeLeft 和 timeRight 的测量值来判断光敏电阻感应的是环境光还是手电筒光束。

```
'Average Scale
LeftThreshold CON LeftBright + LeftAmbient/2 * 5/8
RightThreshold CON RightBright + RightAmbient/2 * 5/8
```

下面这些变量用来存储 RCTIME 的测量结果。

```
timeLeft VAR Word
timeRight VAR Word
```

下面的代码是本书中许多程序都要用到的复位指示语句。

FREQOUT 4, 2000, 3000

主程序中包含两个子程序调用。所有的实际工作都集中在两个子程序中，子程序Test_Photoresistors 对两个 RC 光敏探测电路进行 RCTIME 测量，Navigate 用于条件判断并发送控制脉冲给伺服电机。

```
DO
    GOSUB Test_Photoresistors
    GOSUB Navigate
LOOP
```

以下是对两个 RC 光敏探测电路进行 RCTIME 测量的子程序，左侧电路的测量结果存储在 timeLeft 变量中，右侧电路的测量结果存储在 timeRight 变量中。

```
Test_Photoresistors:
    HIGH 6
    PAUSE 3
    RCTIME 6,1,timeLeft
    HIGH 3
    PAUSE 3
    RCTIME 3,1,timeRight
RETURN
```

Navigate 子程序使用 IF…THEN 语句来比较变量 timeLeft 和常量 LeftThreshold，以及变量 timeRight 和常量 RightThreshold。记住，当 RCTIME 的测量值较小时，意味着光敏电阻探测到强光；当 RCTIME 的测量值较大时，意味着光敏电阻探测到的光不强。因此，当存储 RCTIME 测量结果的变量小于阈值时，意味着探测到手电筒光束；否则，意味着没有探测到手电筒光束。根据子程序的探测结果，向机器人发出正确的导航脉冲信号。接下来是本书中许多程序都要用到的 PAUSE 指令，最后是 RETURN 指令，退出子程序。

```
Navigate:
    IF (timeLeft<LeftThreshold) AND (timeRight<RightThreshold) THEN
```

```
            PULSOUT 13, 850
            PULSOUT 12, 650
        ELSEIF (timeLeft < LeftThreshold) THEN
            PULSOUT 13, 700
            PULSOUT 12, 700
        ELSEIF (timeRight < RightThreshold) THEN
            PULSOUT 13, 800
            PULSOUT 12, 800
        ELSE
            PULSOUT 13, 750
            PULSOUT 12, 750
        ENDIF
        PAUSE 20
    RETURN
```

该你了——调节机器人程序性能，改变其运动状态

你还可以通过调整常量运算中的比例系数来调节程序的性能。

```
'Average Scale factor
LeftThreshold CON LeftBright + LeftAmbient/2 * 5/8
RightThreshold CON RightBright + RightAmbient/2 * 5/8
```

如果将比例系数由 5/8 改成 1/2，则机器人对光束的敏感程度会减弱，这会改变机器人对手电筒光束的反应。

● 尝试用不同的比例系数测试程序，如 1/4、1/2、1/3、2/3、3/4 等，观察机器人对手电筒光束的反应有何不同。

修改例程中的 IF…THEN 语句，改变机器人的运动状态，使其试图避开进入视觉范围内的光线。

- 修改 IF...THEN 语句，当机器人两侧的光敏电阻都检测到手电筒光束时，它会向后退；当机器人一侧的光敏电阻检测到手电筒光束时，它将转向另一侧。

任务 6：向光源移动

本任务将引导机器人从黑暗的屋子里退出，然后朝着有亮光射入的门口移动。

重新调节光敏电阻

如果光敏电阻的聚光表面向上并向外，则本任务的完成效果最好。

调节光敏电阻聚光表面的指向，使其方向为向上并向外，如图 6.12 所示。

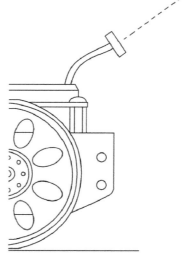

图 6.12　调节光敏电阻的方向

编写向亮光移动的程序

使机器人向亮光移动的程序设计思路是：当两侧光敏电阻的测量结果差别较小时，机器人向前直走；当两侧光敏电阻的测量结果差别较大时，机器人转向测量值较小的一侧。简而言之，机器人会朝着更亮的地方行走。

这似乎是一个很简单的编程任务，且下面程序中的 IF...THEN 条件判断语句应该能够正常工作。但问题是小车不会向前移动，而是不断地左转再右转，这是因为 timeLeft 和 timeRight 的变化很大，每次机器人转动一点儿，变量 timeRight 和 timeLeft 就会变化很多，以至于机器人总是试图去更正并向回走，所以它永远不会得到向前走的脉冲信号。

```
    IF (timeLeft > timeRight) THEN           ' Turn right.
        PULSOUT 13, 850
        PULSOUT 12, 850
    ELSEIF (timeRight > timeLeft) THEN       ' Turn left.
        PULSOUT 13, 650
        PULSOUT 12, 650
    ELSE                                     ' Go forward.
        PULSOUT 13, 850
        PULSOUT 12, 650
    ENDIF
```

下面是一个运行效果稍好的代码段，它对来回转弯的条件进行了修改。在机器人使用左转脉冲之前，变量 timeLeft 必须比变量 timeRight 大 15。同样地，在机器人使用右转脉冲之前，变量 timeRight 必须比变量 timeLeft 大 15。这就使机器人在特定的光线条件下在转弯之前有机会使用足够多的向前脉冲。

```
    IF (timeLeft > timeRight + 15) THEN      ' Turn right.
        PULSOUT 13, 850
        PULSOUT 12, 850
    ELSEIF (timeRight > timeLeft + 15) THEN  ' Turn left.
        PULSOUT 13, 650
        PULSOUT 12, 650
    ELSE                                     ' Go forward.
        PULSOUT 13, 850
```

```
        PULSOUT 12, 650
    ENDIF
```

上述代码段的问题是它只能工作在中等黑暗的环境下。如果把它放在相当暗的地方,则机器人会不断地来回旋转,永远不会向前行走。如果把它放在更亮的地方,则机器人只会向前运动,而不会调整向左或向右的方向。

为什么会这样呢?

答案是,当机器人处在房间的黑暗部分时,每个光敏电阻的测量值都较大,当机器人决定转向亮光源时,两个光敏电阻的测量结果之差会较大;当机器人处在更亮一点的地方时,每个光敏电阻的测量值都较小,两个光敏电阻的测量结果之差也较小,要让机器人在较亮的地方决定做一个转动,两个光敏电阻的测量结果的差值要比在黑暗的地方的测量结果的差值小。为了弥补机器人在不同光线条件下差值的不同,需要将两个测量结果的差值设计成一个变量,让这个变量等于 timeRight 和 timeLeft 的平均值再除以 6 所得的整数。这样,无论外界光线强弱,这个差值总是比较合适的。

```
    average = timeRight + timeLeft/2
    difference = average/6
```

现在,变量 difference 可以被用在 IF…THEN 语句中了。当光线弱时,它的值较大;当光线强时,它的值较小。

```
        IF (timeLeft > timeRight + difference) THEN        ' Turn right.
            PULSOUT 13, 850
            PULSOUT 12, 850
        ELSEIF (timeRight > timeLeft + difference) THEN    ' Turn left.
            PULSOUT 13, 650
            PULSOUT 12, 650
        ELSE                                                ' Go forward.
            PULSOUT 13, 850
            PULSOUT 12, 650
        ENDIF
```

第6讲 用光敏电阻进行导航

例程: RoamingTowardTheLight.bs2

与程序 RoamingWithPhotoresistorDividers.bs2 不同,无论外界光线是强还是弱,这个程序都将对用手在光敏电阻上投的阴影非常敏感。该程序不需要根据外界光线情况改变电阻,它会计算光的强弱并在软件中使用变量 average 和 difference 来调节机器人的灵敏度。该程序测量 timeLeft 和 timeRight 的平均值,并用这个平均值来设置 difference 的值,使它在 timeLeft 和 timeRight 的测量结果之间,再用这个值去判断是否向机器人发送一个转弯脉冲。

- 输入、保存并运行程序 RoamingTowardTheLight.bs2。
- 将机器人放在不同的地方让它移动,验证无论光的强度如何变化都可以通过用手在光敏电阻上投一个阴影来改变机器人的运动轨迹。
- 将机器人放在光线很暗的屋子里,当有光线通过门射进屋子时,观察机器人是否可以成功地走出屋子。

```
' -----[ Title ]------------------------------------------------
' RoamingTowardTheLight.bs2
' Boe-Bot roams, and turns away from dark areas in favor of brighter areas.

' {$STAMP BS2}                  ' Stamp directive.
' {$PBASIC 2.5}                 ' PBASIC directive.


DEBUG "Program Running!"


' -----[ Variables ]------------------------------------------
' Declare variables for storing measured RC times of the
' left & right photoresistors.
timeLeft    VAR  Word
timeRight   VAR  Word
average     VAR  Word
difference  VAR  Word

' -----[ Initialization ]-------------------------------------
```

· 143 ·

```
FREQOUT 4, 2000, 3000


' -----[ Main Routine ]---------------------------------------------
DO
    GOSUB Test_Photoresistors
    GOSUB Average_And_Difference
    GOSUB Navigate
LOOP


'--[ Subroutine-Test_Photoresistors ]-----------------------------
Test_Photoresistors:
    HIGH 6                      ' Left RC time measurement.
    PAUSE 3
    RCTIME 6,1,timeLeft
    HIGH 3                      ' Right RC time measurement.
    PAUSE 3
    RCTIME 3,1,timeRight
RETURN


' -----[ Subroutine - Average_And_Difference ]------------------
Average_And_Difference:
    average = timeRight + timeLeft/2
    difference = average/6
RETURN


' -----[ Subroutine - Navigate ]---------------------------------
```

```
Navigate:
    ' Shadow significantly stronger on left detector, turn right.
    IF (timeLeft > timeRight + difference) THEN
        PULSOUT 13, 850
        PULSOUT 12, 850
    ' Shadow significantly stronger on right detector, turn left.
    ELSEIF (timeRight > timeLeft + difference) THEN
        PULSOUT 13, 650
        PULSOUT 12, 650
    ' Shadows in same neighborhood of intensity on both detectors.
    ELSE
        PULSOUT 13, 850
        PULSOUT 12, 650
    ENDIF
    PAUSE 10
RETURN
```

该你了——调节对不同光的敏感度

在上述例程中，变量 difference 是用 average 除以 6 得到的。如果想使机器人对光的强度不太敏感，则可以用 average 除以一个小一些的数；如果想使机器人对光的强度更加敏感，则可以用 average 除以一个大一些的数。

- 试着用 3、4、5、7、9 来除变量 average。
- 运行程序，测试机器人采用上面不同值退出黑暗屋子的能力。
- 确定最合适的分母值。

```
Average_And_Difference:
    average = timeRight + timeLeft/2
```

difference = average/6
  RETURN

也可以将分母声明为一个常量：

  Denominator CON 6

然后在子程序 Average_And_Difference 中用常量 Denominator 代替 6，程序如下：

  Average_And_Difference:
    average = timeRight + timeLeft/2
    difference = average/Denominator
  RETURN

● 对程序做上述修改，验证机器人是否仍然可以正常工作。

在这个程序中，还可以减少变量的数量。注意，变量 average 被用来临时存储平均值，然后它被 Denominator 除，其结果被存储在变量 difference 中。变量 difference 在后面会被用到，但变量 average 则不会被用到。解决这个问题的方法是用变量 difference 代替 average。下面是修改后的子程序：

  Average_And_Difference:
    difference = timeRight + timeLeft/2
    difference = difference/Denominator
  RETURN

对程序做上述修改后，程序仍然可以正常运行，而且也不再需要使用变量 average。

你还可以按下面的方法修改程序。

● 保持程序 Average_And_Difference 不变。

  Average_And_Difference:
    average = timeRight + timeLeft/2
    difference = average/Denominator
  RETURN

第6讲 用光敏电阻进行导航

- 在程序的变量声明中做如图 6.13 所示的修改。

difference VAR average

现在，程序为变量 average 创建了一个别名 difference，average 和 difference 指向 RAM 中同样的字变量。

- 测试修改后的程序，验证机器人是否可以正常工作。

```
' Unchanged code
average      VAR Word
difference   VAR Word
```

```
' Changed to save Word of RAM
average      VAR Word
difference   VAR average
```

图 6.13　为变量 average 创建一个别名

 工程素质和技能归纳

- 了解光敏电阻的应用领域和使用方法。
- 掌握用光敏电阻测量光强的原理和方法。
- 掌握用 RC 光敏探测电路测试光强的方法。
- 学会一些简化程序的编程技巧。

第 7 讲　机器人红外线导航

 学习情境

许多自动化机械设备都采用红外线进行环境探测或通信。红外线是一种频率低于可见光的不可见光，很容易获得，而且成本很低。一种最为简单的应用就是许多遥控装置都使用红外线进行通信，而机器人则可以使用红外线进行环境探测，从而实现自动导航。

本讲使用一些价格低且应用广的部件，让 BasicDuino 微控制器可以收发红外线信号，从而实现机器人的红外线导航。

使用红外线发射和接收器件探测道路

如果不采用胡须接触的方式探测物体，是不是必须采用类似机器视觉那样复杂的技术呢？答案是否定的。机器人可以采用雷达或声纳来探测物体且不需要同物体接触。一种更为简单的方法是使用红外线来探测物体。随着红外遥控技术的不断发展，红外线发射器和接收器已经非常普及并且价格低廉。

在机器人上方建立的红外探测系统（如图 7.1 所示）在许多方面就像汽车的前灯系统一样。当汽车前灯射出的光从障碍物反射回来时，人的眼睛就发现了障碍物，然后通过大脑处理这些信息，并据此控制身体动作驾驶汽车。机器人使用红外发光二极管作为前灯，当红外发光二极管发射红外线时，如果机器人前面有障碍物，则红外线从障碍物反射回来，相当于机器人眼睛的红外线接收器将检测到反射回来的红外线，并向机器人的大脑——BasicDuino 微控制器发出信号，表明已检测到障碍物，BasicDuino 微控制器据此做出判断并控制伺服电机运转，使机器人向着避开障碍物的方向行走。

红外线接收器有内置的光滤波器，除了需要检测的 980nm 波长的红外线，它几乎不允许其他光通过。红外线接收器内部还有一个电子滤波器，它只允许大约 38.5kHz 的电信号通过。换句话说，红外线接收器只接收每秒闪烁 38500 次的红外线，这就防止了普通光源（如太阳光和室内光）对红外线的干涉。

第 7 讲 机器人红外线导航

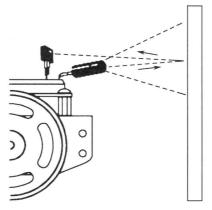

图 7.1 机器人红外探测系统

任务 1：搭建并测试红外探测电路

本任务将搭建并测试红外探测电路。
部件清单：
（1）红外线接收器 2 个。
（2）红外发光二极管（已用热缩套管封装）2 个。
（3）220Ω 电阻（红-红-棕）2 个。
（4）1kΩ 电阻（棕-黑-红）2 个。
如图 7.2 所示是本任务需要用到的红外线接收器和红外发光二极管的示意图。

图 7.2 红外线接收器和红外发光二极管的示意图

• 149 •

根据如图 7.3 所示的红外探测电路原理图,在 BasicDuino 微控制器的面包板上搭建两组红外线发射和接收电路对(也称 IR 探测器)。如图 7.4 所示是红外探测电路的参考接线图。

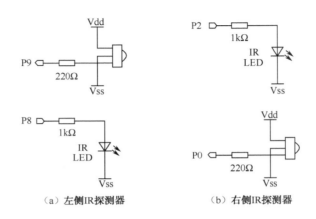

(a)左侧IR探测器　　(b)右侧IR探测器

图 7.3　红外探测电路原理图

图 7.4　红外探测电路参考接线图

注意：在搭建电路时要注意观察红外发光二极管正、负极的特征和红外线接收器 3 个引脚的定义，一定不要将器件接反或接错。

用 FREQOUT 指令测试红外探测电路

FREQOUT 指令主要用于产生频率范围为 1~32768Hz 的音调，也可以用高于 32768Hz 的参数 Freq1 直接产生一种高频和声。由于人能辨别的音调频率范围是 20Hz~20kHz，因此这些高频和声人是听不见的。本任务用指令 FREQOUT 8, 1, 38500 向 P8 端口发送持续时间为 1ms 的 38.5kHz 的高频和声，使连接到 P8 端口的红外发光二极管发射与和声频率相同的红外线。如果红外线被机器人行进路径上的物体反射回来，则红外线接收器将给 BasicDuino 微控制器发送一个信号，让机器人的大脑知道已经检测到反射回来的红外线。

让每个红外线发射和接收电路对工作的关键是先发送持续时间为 1ms、频率为 38.5kHz 的和声信号，再将红外线接收器的输出存储到微控制器内的一个变量中。下面是一个例子，它发送 38.5kHz 的信号给连接到 P8 端口的红外发光二极管，然后用位变量 irDetectLeft 存储连接到 P9 端口的红外接收器的输出。

```
FREQOUT 8, 1, 38500
irDetectLeft = IN9
```

当没有探测到红外线被反射回来时，红外线接收器的输出电平为高；当它探测到被物体反射回来的 38.5kHz 的红外线时，它的输出电平为低。这些输出值可以显示在调试终端或被机器人用来导航。

例程：TestLeftIrPair.bs2

- 接通 BasicDuino 微控制器的电源。
- 输入、保存并运行程序 TestLeftIrPair.bs2。

```
' TestLeftIrPair.bs2
' Test IR object detection circuits, IR LED connected to P8 and detector
' connected to P9.
' {$STAMP BS2}
```

```
' {$PBASIC 2.5}

irDetectLeft VAR Bit

DO
    FREQOUT 8, 1, 38500
    irDetectLeft = IN9
    DEBUG HOME, "irDetectLeft = ", BIN1 irDetectLeft
    PAUSE 100
LOOP
```

- 因为要用调试终端来观察测试结果，故要始终保持机器人与计算机的连接。
- 放一个物体（如一张纸）在距离左侧 IR 探测器大约 25.4mm 的位置上。
- 验证当放一个物体在 IR 探测器前时，调试终端是否会显示 0；当将物体移开时，调试终端是否会显示 1。
- 如果调试终端显示的是预期的值，即没发现物体时显示 1，发现物体时显示 0，则转到例程后的"该你了"部分。
- 如果调试终端显示的不是预期的值，则按照"排错"里的步骤进行排错。

排错

- 如果调试终端显示的不是预期的值，则检查电路连接和程序输入是否正确。
- 如果调试终端的显示总是 0，则可能是附近的物体反射了红外线。机器人前面的桌面是常见的施作用者。将机器人移至其他地方，使红外探测电路不受附近物体的影响。
- 当机器人前面没有物体时，如果绝大多数时间调试终端显示 1，但偶尔显示 0，则可能是附近的荧光灯产生了干扰。关掉附近的荧光灯，重新进行测试。

☞ 该你了

- 将程序 TestLeftIrPair.bs2 另存为 TestRightIrPair.bs2。

- 修改程序注释,使其适用于右侧的 IR 探测器。
- 将变量名 irDetectLeft 改为 irDetectRight,程序中共有 4 处地方需要更改。
- 将 FREQOUT 指令的参数 Pin 由 8 改为 2。
- 将变量 irDetectRight 监控的输入寄存器由 IN9 改为 IN0。
- 重复前面的测试步骤。

任务 2:物体检测和红外干扰的实地测试

本任务将搭建并测试 LED 指示电路,以便后面在没有调试终端的情况下也可以知道红外探测系统是否检测到物体。此外,还需要编写一个程序来检测是否有来自荧光灯的红外干扰,荧火灯的红外干扰可能导致机器人产生许多奇怪的行为。

搭建 LED 指示电路

这里用到的 LED 指示电路和第 5 讲"机器人触觉导航"中的 LED 胡须测试电路类似,读者可参考图 5.7 完成电路搭建。

部件清单:

(1) 红色 LED 灯 2 个。

(2) 220Ω 电阻(红-红-棕)2 个。

- 断开 BasicDuino 微控制器的电源。
- 参照图 5.7 所示的 LED 胡须测试电路图和图 7.5 所示的带有 LED 指示的红外探测电路接线图完成实际电路搭建。

测试系统

本系统包含许多元件,这就增加了接线错误的可能性,因此编写一个测试程序很重要。

例程: TestIrPairsAndIndicators.bs2

- 接通 BasicDuino 微控制器的电源。
- 输入、保存并运行程序 TestIrPairsAndIndicators.bs2。
- 验证当调试终端显示"Testing piezospeaker..."时,扬声器是否发出清晰的声音。
- 用调试终端来验证当放一个物体在机器人前面时,BasicDuino 微控制器是否能收到由红外线接收器发出的信号0。
- 验证当红外线接收器探测到物体时，每个 LED 灯是否会发光。如果一个或两个 LED 灯不能正常工作，则检查电路接线和程序输入是否正确。

图 7.5 带有 LED 指示的红外探测电路接线图

```
' TestIrPairsAndIndicators.bs2
' Test IR object detection circuits.
' {$STAMP BS2}              ' Stamp directive.
' {$PBASIC 2.5}             ' PBASIC directive.


' -----[ Variables ]--------------------------------------
irDetectLeft VAR Bit
irDetectRight VAR Bit
```

第7讲 机器人红外线导航

```
' -----[ Initialization ]----------------------------------
DEBUG "Testing piezospeaker..."
FREQOUT 4, 2000, 3000
DEBUG CLS,
"IR DETECTORS", CR,
"Left Right", CR,
"----- -----"


' -----[ Main Routine ]-----------------------------------
DO
    FREQOUT 8, 1, 38500
    irDetectLeft = IN9
    FREQOUT 2, 1, 38500
    irDetectRight = IN0
    IF   (irDetectRight = 0)    THEN
        HIGH 10
    ELSE
        LOW 10
    ENDIF
    IF   (irDetectRight = 0)    THEN
        HIGH 1
    ELSE
        LOW 1
    ENDIF
    DEBUG CRSRXY, 2, 3, BIN1 irDetectLeft,
```

```
        CRSRXY, 9, 3, BIN1 irDetectRight
        PAUSE 100
    LOOP
```

该你了——远程测试和范围测试

现在将USB信号线从机器人上拔下,用LED指示电路检测红外探测系统能否探测到物体。
- 拔掉连接在机器人上的USB信号线,将机器人放到物体前面,取不同的距离和方向,测试红外探测系统的探测范围。
- 测试红外探测系统对不同颜色物体的探测范围,看看该系统对什么颜色的物体探测的范围最大,对什么颜色的物体探测的范围最小。

测试红外干扰

如果在探测范围内没有任何物体,但机器人却指示探测到了物体(红色LED灯闪烁),则说明附近的荧光灯正在产生频率接近38.5kHz的红外光。如果在这种灯光下进行机器人比赛或演示,则机器人的红外探测系统就会失效。为了不让机器人在比赛或演示时出错,需要用红外干扰探测程序仔细检查在机器人比赛或演示区域内是否有红外干扰。

程序的原理很简单,不用红外发光二极管发送任何红外线,只监控红外线接收器有没有接收到红外线即可。如果接收到了红外线,则用扬声器发出警报。

提示:可以用家用电器的红外遥控器发射红外线来模拟荧光灯的红外干扰。

例程:IrInterferenceSniffer.bs2

- 输入、保存并运行程序 IrInterferenceSniffer.bs2。
- 测试当机器人检测到红外干扰时是否可以发出警报。

可以单独用一个机器人来运行程序 TestIrPairsAndIndicators.bs2 以发射干扰红外线。如果没有多余的机器人,就用电视或放映机的手持式遥控器对着机器人按一个键。如果机器人发出警报,则可以确定机器人红外探测系统处于工作状态。

```
' IrInterferenceSniffer.bs2
' Test fluorescent lights, infrared remotes, and other sources
' of 38.5 kHz IR interference.

' {$STAMP BS2}              ' Stamp directive.
' {$PBASIC 2.5}             ' PBASIC directive.

counter VAR Nib
DEBUG "IR interference not detected, yet...", CR

DO
    IF （IN0 = 0）OR （IN9 = 0）THEN
        DEBUG "IR Interference detected!!!", CR
            FOR counter = 1 TO 5
            HIGH 1
            HIGH 10
            FREQOUT 4, 50, 4000
            LOW 1
            LOW 10
            PAUSE 20
        NEXT
    ENDIF
LOOP
```

该你了——测试荧光灯干扰

断开机器人和 USB 信号线的连接,将机器人的红外探测系统指向附近的任何荧光灯。如果频繁地听到警报,则表明存在干扰。因此,在使用机器人红外探测系统之前,要关掉荧光灯。

任务 3:红外探测距离的调整

在环境很暗的情况下,汽车的前灯越亮,司机能看到的物体就越远。同理,如果让机器人的红外发光二极管更亮,则可以增加它的探测距离。由电路原理可知,在相同的电压下,将更小阻值的电阻与 LED 灯串联,会使通过 LED 灯的电流更大,从而使 LED 灯更亮。本任务将使用不同阻值的电阻来调整机器人红外探测系统的探测距离。

部件清单如下。

(1) 470Ω 电阻(黄-紫-棕)2 个。
(2) 220Ω 电阻(红-红-棕)2 个。
(3) 2kΩ 电阻(红-黑-红)2 个。
(4) 4.7kΩ 电阻(黄-紫-红)2 个。

串联电阻与 LED 灯的亮度

首先,用一个红色的 LED 灯来观察串联电阻阻值与 LED 灯亮度之间的关系,只需发送一个高电平信号给 LED 灯就可以进行测试。

例程:P1LedHigh.bs2

- 输入、保存并运行程序 P1LedHigh.bs2。
- 运行程序并验证与 P1 端口连接的 LED 灯是否发光。

```
' P1LedHigh.bs2
' Set P1 high to test for LED brightness testing with each of
' these resistor values in turn: 220 ohm , 470 ohm, 2 k ohm, 4.7 k ohm.

' {$STAMP BS2}
```

第7讲 机器人红外线导航

```
' {$PBASIC 2.5}

DEBUG "Program Running!"
HIGH 1
STOP
```

注意：例程中的 STOP 指令优先级高于 END 指令，因为 END 指令会将 BasicDuino 微控制器设为低电压模式。

该你了——测试 LED 灯的亮度

- 观察用 220Ω 电阻时连接到 P1 端口的 LED 灯的亮度。
- 用 470Ω 电阻代替 220Ω 电阻，观察 LED 灯的亮度。
- 用 2kΩ 电阻代替 470Ω 电阻，观察 LED 灯的亮度。
- 用 4.7kΩ 电阻代替 2kΩ 电阻，观察 LED 灯的亮度。
- 用自己的语言解释 LED 灯的亮度和串联电阻阻值之间的关系。

串联电阻与探测范围

由上面的测试可知，电阻阻值越小，LED 灯越亮。显然，如果红外发光二极管更亮，则红外探测系统的探测距离更远。

- 打开并运行程序 TestIrPairsAndIndicators.bs2。
- 验证机器人的红外探测系统能否正常工作。

该你了——测试红外探测系统的探测范围

- 在不改变红外探测电路阻值（仍然使用 1kΩ 电阻）的情况下，用尺子测量红外探测系统能探测到物体（如一张纸）的最大距离，在表 7-1 中记录该测量数据。
- 用 4.7kΩ 的电阻代替连接 P2 端口和 P8 端口到红外发光二极管阳极的 1kΩ 电阻。
- 用同样的方法测量能够探测到物体的最大距离，并记录测量数据。

- 用 2kΩ 电阻、470Ω 电阻、220Ω 电阻进行测试，将测量数据记录在表 7-1 中。
- 在进行下一个任务之前，将电阻恢复为 1kΩ 电阻。

表 7-1 探测距离与串联电阻阻值的关系

串联电阻（Ω）	最大探测距离
4700	
2000	
1000	
470	
220	

任务 4：探测和避开障碍物

用红外线导航和用触觉导航的策略几乎一样，因此可以直接修改程序 RoamingWithWhiskers.bs2，使它适用于红外线导航。

修改胡须导航程序，使其适用于红外线导航

打开 RoamingWithWhiskers.bs2 程序，更改程序名称和注释，加入两个位变量来存储 IR 探测器的状态。

  irDetectLeft VAR Bit

  irDetectRight VAR Bit

增加一小段程序来读红外接收器的状态。

  FREQOUT 8, 1, 38500

  irDetectLeft = IN9

  FREQOUT 2, 1, 38500

  irDetectRight = IN0

最后，修改 IF...THEN 语句，使其基于红外线探测信息导航，而不是基于胡须信号导航。

IF （irDetectLeft = 0）AND （irDetectRight = 0）THEN
  GOSUB Back_Up
  GOSUB Turn_Left
  GOSUB Turn_Left
ELSEIF （irDetectLeft = 0）THEN
  GOSUB Back_Up
  GOSUB Turn_Right
ELSEIF （irDetectRight = 0）THEN
  GOSUB Back_Up
  GOSUB Turn_Left
ELSE
  GOSUB Forward_Pulse
ENDIF

例程： RoamingWithIr.bs2

- 打开程序 RoamingWithWhiskers.bs2，将其另存为 RoamingWithIr.bs2。
- 修改程序，使它与下面的程序相同。
- 接通 BasicDuino 微控制器的电源。
- 保存并运行程序。
- 验证机器人的行为与运行程序 RoamingWithWhiskers.bs2 时机器人的行为是否除了不需要接触物体外都非常相似。

' -----[Title]--

' RoamingWithIr.bs2

' Adapt RoamingWithWhiskers.bs2 for use with IR pairs.

```
' {$STAMP BS2}                    ' Stamp directive.
' {$PBASIC 2.5}                   ' PBASIC directive.

DEBUG "Program Running!"


' -----[ Variables ]------------------------------------
irDetectLeft VAR Bit
irDetectRight VAR Bit
pulseCount VAR Byte


' -----[ Initialization ]--------------------------------
FREQOUT 4, 2000, 3000             ' Signal program start/reset.


' -----[ Main Routine ]----------------------------------
    DO
    FREQOUT 8, 1, 38500            ' Store IR detection values in
    irDetectLeft = IN9             ' bit variables.
    FREQOUT 2, 1, 38500
    irDetectRight = IN0
    IF  (irDetectLeft = 0) AND  (irDetectRight = 0) THEN
       GOSUB Back_Up               ' Both IR pairs detect obstacle
       GOSUB Turn_Left             ' Back up & U-turn (left twice)
       GOSUB Turn_Left
    ELSEIF  (irDetectLeft = 0) THEN  ' Left IR pair detects
       GOSUB Back_Up               ' Back up & turn right
       GOSUB Turn_Right
```

```
        ELSEIF  (irDetectRight = 0) THEN  ' Right IR pair detects
            GOSUB Back_Up                 ' Back up & turn left
            GOSUB Turn_Left
        ELSE ' Both IR pairs 1, no detects
            GOSUB Forward_Pulse           ' Apply a forward pulse
        ENDIF                             ' and check again
LOOP

' -----[ Subroutines ]---------------------------------------
Forward_Pulse:                            ' Send a single forward pulse.
    PULSOUT 13,850
    PULSOUT 12,650
    PAUSE 20
RETURN

Turn_Left:                                ' Left turn, about 90-degrees.
    FOR pulseCount = 0 TO 20
        PULSOUT 13, 650
        PULSOUT 12, 650
        PAUSE 20
    NEXT
RETURN

Turn_Right:
    FOR pulseCount = 0 TO 20              ' Right turn, about 90-degrees.
    PULSOUT 13, 850
    PULSOUT 12, 850
```

```
            PAUSE 20
        NEXT
RETURN

Back_Up:                                    ' Back up.
    FOR pulseCount = 0 TO 40
        PULSOUT 13, 650
        PULSOUT 12, 850
        PAUSE 20
    NEXT
RETURN
```

任务 5：提高红外线导航程序的性能

当采用触觉导航时，使用预先编好的基本巡航动作程序控制机器人运动效果很好，但是在使用红外线导航时，上述程序会令机器人进行一些不必要的动作，如后退动作。此外，在发送脉冲给伺服电机之前检测障碍物，也可以大大提高机器人的漫游性能。

在脉冲之间采样以避免碰撞

探测障碍物很重要的一点是在机器人撞到它之前给机器人留有绕开它的空间。如果前方有障碍物，则机器人会使用脉冲指令避开它，然后再次探测；如果障碍物还在，则机器人会再使用另一个脉冲指令来避开它。机器人能持续使用脉冲指令并不断探测，直到它绕开障碍物为止，此时向机器人发送一个向前行走的脉冲指令。尝试运行下面的例程后，你会发现上述方法对于机器人行走是一个很好的方法。

例程：FastIrRoaming.bs2

输入、保存并运行程序 FastIrRoaming.bs2。

```
' FastIrRoaming.bs2
' Higher performance IR object detection assisted navigation
' {$STAMP BS2}
' {$PBASIC 2.5}


DEBUG "Program Running!"
irDetectLeft  VAR Bit              ' Variable Declarations
irDetectRight VAR Bit
pulseLeft  VAR Word
pulseRight VAR Word


FREQOUT 4, 2000, 3000              ' Signal program start/reset.

DO                                 ' Main Routine
    FREQOUT 8, 1, 38500            ' Check IR Detectors
    irDetectLeft = IN9
    FREQOUT 2, 1, 38500
    irDetectRight = IN0
    ' Decide how to navigate.
    IF   (irDetectLeft = 0) AND  (irDetectRight = 0) THEN
        pulseLeft = 650
        pulseRight = 850
    ELSEIF  (irDetectLeft = 0) THEN
        pulseLeft = 850
        pulseRight = 850
    ELSEIF  (irDetectRight = 0) THEN
```

```
                pulseLeft = 650
                pulseRight = 650
            ELSE
                pulseLeft = 850
                pulseRight = 650
            ENDIF
            PULSOUT 13,pulseLeft              ' Apply the pulse.
            PULSOUT 12,pulseRight
            PAUSE 15
        LOOP                                  ' Repeat main routine
```

程序 FastIrRoaming.bs2 是如何工作的

该程序用稍微不同的方法来使用脉冲。除了两个存储红外接收器输出的位变量，它还使用了两个字变量来设置 PULSOUT 指令发送脉冲的持续时间。

```
        irDetectLeft VAR Bit
        irDetectRight VAR Bit
        pulseLeft VAR Word
        pulseRight VAR Word
```

在 DO…LOOP 循环中，用 FREQOUT 指令发送 38.5kHz 的和声信号给每个红外发光二极管。当 1ms 脉冲被发送后，位变量立即存储 IR 探测器的输出状态。这是很有必要的，因为如果等待的时间超过一个指令执行的时间，那么无论 IR 探测器是否发现物体，它都将返回没有探测到物体的状态（状态 1）。

```
        FREQOUT 8, 1, 38500
        irDetectLeft = IN9
        FREQOUT 2, 1, 38500
        irDetectRight = IN0
```

在 IF...THEN 语句中，程序不是直接发送脉冲或调用导航程序，而是设置 PULSOUT 指令中参数 Duration 的值。

```
IF （irDetectLeft = 0）AND （irDetectRight = 0）THEN
    pulseLeft = 650
    pulseRight = 850
ELSEIF （irDetectLeft = 0）THEN
    pulseLeft = 850
    pulseRight = 850
ELSEIF （irDetectRight = 0）THEN
    pulseLeft = 650
    pulseRight = 650
ELSE
    pulseLeft = 850
    pulseRight = 650
ENDIF
```

在重复 DO...LOOP 循环前，要做的最后一件事是发送脉冲给伺服电机。注意，PAUSE 指令的参数不再是 20，而是 15，因为要用 5ms 的时间来进行红外探测。

```
PULSOUT 13,pulseLeft              ' Apply the pulse.
PULSOUT 12,pulseRight
PAUSE 15
```

该你了

- 将程序 FastIrRoaming.bs2 另存为 FastIrRoamingYourTurn.bs2。
- 用 LED 灯指示机器人是否探测到物体。

- 试着更改 pulseLeft 和 pulseRight 的值，使机器人以原来一半的速度行走。

任务 6：边沿探测

到目前为止，当机器人探测到前方有障碍物时，它会自动采取避让动作。然而，在某些场合下，当机器人没有探测到障碍物时，它也必须采取避让动作。例如，当机器人在桌面上行走时，如图 7.6 所示，此时 IR 探测器向下监测桌子表面。如果 IR 探测器能够"看"到桌子表面，则机器人继续向前走；如果 IR 探测器没有探测到桌子表面，则机器人应采取避让动作。

- 断开 BasicDuino 微控制器的电源。
- 使 IR 探测器稍微指向外侧和下面，如图 7.6 所示。

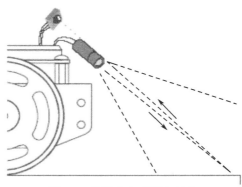

图 7.6 机器人在桌面上行走

材料清单如下。
（1）黑色聚氯乙烯绝缘带一卷，19mm 宽。
（2）白色粘贴板一张，尺寸为 56cm×71cm。

用绝缘带模拟桌子的边沿

用绝缘带制作白色粘贴板的边框，用来模拟桌子的边沿。

- 如图 7.7 所示，制作一个有黑色绝缘带边界的场地。绝缘带各边之间应紧密连接，没有纸露出来。
- 用 2kΩ 电阻代替图 7.3 中与 P2 端口和 P8 端口连接的 1kΩ 电阻，使机器人的探测距离

第 7 讲 机器人红外线导航

近一些。
- 接通 BasicDuino 微控制器电源。
- 运行程序 IrInterferenceSniffer.bs2，确保周围没有荧光灯干扰机器人的 IR 探测器。
- 运行程序 TestIrPairsAndIndicators.bs2，确保机器人在初始位置时能探测到粘贴板，但探测不到绝缘带。

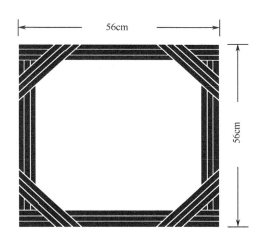

图 7.7 制作一个有黑色绝缘带边界的场地

如果机器人总是能够清晰地看到绝缘带，则尝试采用下面几种解决办法。
- 尝试调整 IR 探测器向下的角度。
- 尝试选用一种不同的黑色绝缘带。
- 尝试用 4.72kΩ 的电阻代替 2kΩ 的电阻，让机器人的探测距离更近。
- 调整 FREQOUT 指令的参数 Freq1，使机器人的探测距离缩短，推荐的参数有：38250，39500，40500。

如果机器人的探测距离太近，导致看不到边界，此时需要增加机器人的灵敏度，让它能探测到更远的距离。解决的办法是用较小的电阻（如 1kΩ、470Ω 或 220Ω）代替 2kΩ 的电阻。

以上测试成功后，可以按照下述步骤进行桌面实验。
- 拆除绝缘胶带，按照前面的步骤进行测试，观察 IR 探测器工作是否正常。
- 将机器人放在桌面的中央，运行程序，密切注意机器人的运动，尤其当它运动到桌子边沿时,要时刻留意机器人是否会从桌面上摔落下来,在摔下前一定要立即将机器人拿起来,否则有可能摔坏机器人。

- 如果你站在桌子边沿且恰好在红外线的探测范围内,则机器人可能会把你当作桌面。目前的机器人程序还不能分辨桌子和人体,所以它可能会继续运动,从而从桌子上摔落下来。因此,你应该站在机器人探测范围之外,以免影响机器人的行为。

边沿探测编程

如果希望机器人能够在桌面上行走而不会走到桌子的边沿,只需修改程序 FastIrNavigation.bs2 中的 IF ... THEN 语句即可。主要的修改是,当 irDetectLeft 和 irDetectRight 的值都为 0(探测到桌面)时,机器人向前行走;当某个 IR 探测器没有探测到物体时,机器人会向另一个 IR 探测器方向运动,从而避开边沿。例如,如果 irDetectLeft 的值是 1,则机器人会向右转。

在编写避开边沿程序时,还要考虑的问题是机器人的可调整距离。你可能希望当机器人在两个 IR 探测器都探测到桌面时只发送一个向前的脉冲,当发现边沿时却要发送几个脉冲,然后再重新开始检测 IR 探测器的输出。这可以通过增加变量 pulseCount 设置传输给机器人的脉冲数来实现。PULSOUT 指令可以放在 FOR…NEXT 循环中,当执行 FOR 1 TO pulseCount 时,如果要执行 1 个向前的脉冲,则将 pulseCount 设为 1;如果要执行 10 个向左的脉冲,则将 pulseCount 设为 10。

例程: AvoidTableEdge.bs2

- 打开程序 FastIrNavigation.bs2,将其另存为 AvoidTableEdge.bs2。
- 修改程序,使其与例程一致。主要修改包括增加变量、更改 IF…THEN 语句、在 FOR…NEXT 循环中嵌套 PULSOUT 指令。
- 接通 BasicDuino 微控制器的电源。
- 在有绝缘带边框的场地上测试程序。
- 以上测试成功后,可以将机器人移至桌面上进行实验。

```
' AvoidTableEdge.bs2
' IR detects object edge and navigates to avoid drop-off.
' {$STAMP BS2}
```

第 7 讲　机器人红外线导航

```pbasic
' {$PBASIC 2.5}

DEBUG "Program Running!"

irDetectLeft VAR Bit              ' Variable declarations.
irDetectRight VAR Bit
pulseLeft VAR Word
pulseRight VAR Word
loopCount VAR Byte
pulseCount VAR Byte

FREQOUT 4, 2000, 3000             ' Signal program start/reset.

DO                                ' Main Routine.
    FREQOUT 8, 1, 38500           ' Check IR detectors.
    irDetectLeft = IN9
    FREQOUT 2, 1, 38500
    irDetectRight = IN0
    ' Decide navigation.
    IF （irDetectLeft = 0）AND （irDetectRight = 0）THEN
        pulseCount = 1                 ' Both detected
        pulseLeft = 850                ' one pulse forward
        pulseRight = 650
    ELSEIF （irDetectRight = 1）THEN    ' Right not detected
        pulseCount = 10                ' 10 pulses left
        pulseLeft = 650
```

```
            pulseRight = 650
    ELSEIF （irDetectLeft = 1）THEN     ' Left not detected
            pulseCount = 10              ' 10 pulses right
            pulseLeft = 850
            pulseRight = 850
    ELSE                                 ' Neither detected
            pulseCount = 15              ' back up and try again
            pulseLeft = 650
            pulseRight = 850
    ENDIF
    FOR loopCount = 1 TO pulseCount      ' Send pulseCount pulses
            PULSOUT 13,pulseLeft
            PULSOUT 12,pulseRight
            DPAUSE 20
        NEXT
LOOP
```

程序 AvoidTableEdge.bs2 是如何工作的

在程序中加入一个 FOR...NEXT 循环来控制在每次 DO...LOOP 循环中发送多少个脉冲。加入两个变量：loopCount 作为 FOR...NEXT 循环的指针；pulseCount 作为 EndValue 的参数。

```
    loopCount VAR Byte
    pulseCount VAR Byte
```

在 IF...THEN 语句中设置 pulseCount 的值就像设置 pulseRight 和 pulseLeft 的值一样。如果两个 IR 探测器都探测到桌面，则响应一个向前的脉冲。

第7讲 机器人红外线导航

```
IF （irDetectLeft = 0）AND （irDetectRight = 0）THEN
    pulseCount = 1
    pulseLeft = 850
    pulseRight = 650
```

如果右侧的 IR 探测器没有探测到桌面，则机器人向左旋转并响应 10 个脉冲。

```
ELSEIF （irDetectRight = 1）THEN
    pulseCount = 10
    pulseLeft = 650
    pulseRight = 650
```

如果左侧的 IR 探测器没有探测到桌面，则机器人向右旋转并响应 10 个脉冲。

```
ELSEIF （irDetectLeft = 1）THEN
    pulseCount = 10
    pulseLeft = 850
    pulseRight = 850
```

如果两个 IR 探测器都探测不到桌面，则机器人后退并响应 15 个脉冲。

```
ELSE
    pulseCount = 15
    pulseLeft = 650
    pulseRight = 850
ENDIF
```

现在 pulseCount、pulseLeft 和 pulseRight 的值都已设置好了，FOR...NEXT 循环向伺服电机发送由变量 pulseLeft 和 pulseRight 决定的脉冲数。

```
FOR loopCount = 1 TO pulseCount
    PULSOUT 13,pulseLeft
    PULSOUT 12,pulseRight
    PAUSE 20
NEXT
```

该你了

尝试修改 IF…THEN 语句中 pulseLeft、pulseRight 和 pulseCount 的值，重新运行程序，观察机器人的行为有何变化。

 工程素质和技能归纳

- 掌握红外探测系统的工作原理和简单的工程实现方法。
- 能通过编程使 IR 探测器工作。
- 能够用红色 LED 灯现场测试红外探测电路。
- 掌握确定是否存在红外干扰的方法。
- 掌握红外线探测距离的调整方法。
- 能够用 IR 探测器实现机器人漫游避障，并与触觉导航漫游进行比较。
- 能够改进红外线漫游程序，提高机器人漫游避障的效率。
- 掌握用 IR 探测器检测桌面边沿的思路和用绝缘带模拟边沿的仿真方法。
- 能够编写和改进机器人桌面漫游程序。

第 8 讲　机器人距离探测

 学习情境

在第 7 讲中，我们用红外线探测器在不接触物体的情况下探测是否有物体挡在机器人的前方路线上，但采用这种方法并不能知道物体距离机器人到底有多远。在一些特殊的场合，机器人需要知道这个距离。

本讲仍然采用第 7 讲中所使用过的电路与红外线探测器来探测物体的距离。当机器人可以探测到物体的距离时，就可以编程让机器人跟随物体行走而不会碰上它，也可以编程让机器人沿着白色背景上的黑色轨迹行走。

任务 1：测试扫描频率

如图 8.1 所示是 Panasonic PNA4602M 红外线探测器的频率特性曲线，它给出了红外线探测器在接收到不同于 38.5kHz 频率红外线信号时其敏感程度随频率变化的情况。例如，当发送频率为 40kHz 的信号给探测器时，探测器的灵敏度是频率为 38.5kHz 时灵敏度的 50%；当发送频率为 42kHz 的信号给探测器时，探测器的灵敏度是频率为 38.5kHz 时灵敏度的 20%左右。因此，当采用让探测器灵敏度很低的频率的红外线时，为了让探测器探测到红外线的反射，物体必须离探测器更近一些，以便让反射的红外线更强。

从另一个角度来考虑，使用最高灵敏度红外线频率可以探测最远距离的物体，使用较低灵敏度红外线频率可以探测较近距离的物体。这样，采用红外线探测距离就简单了。选择 5 个不同频率的红外线，从最高灵敏度频率到最低灵敏度频率进行扫描测试。首先用最高灵敏度频率的红外线测试，如果物体被探测到了，就用仅次于它的高灵敏度频率测试，观察是否可以探测到物体，当探测器探测不到物体时，就可以以此推断机器人到物体的距离了。

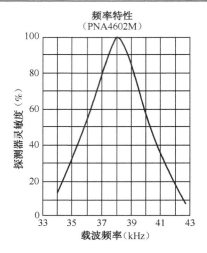

图 8.1 PNA4602M 红外线探测器的频率特性曲线

用红外频率扫描方式进行距离探测

下面用图 8.2 说明机器人如何用红外频率扫描方式进行距离探测。图中，目标物体在区域3，当机器人发送 37 500Hz 和 38 250Hz 频率的红外线时能够探测到物体，当机器人发送 39 500Hz、40 500Hz 及 41 500Hz 频率的红外线时不能探测到物体。如果将物体移至区域2，那么发送 37 500Hz、38 250Hz 及 39 500Hz 频率的红外线时可以探测到物体，而发送 40 500Hz 和 41 500Hz 频率的红外线时就不能探测到物体。

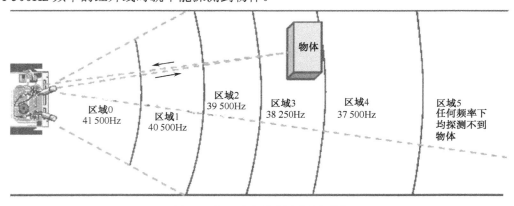

图 8.2 机器人红外频率探测区域

第8讲 机器人距离探测

为了能够用红外频率扫描方式进行距离探测，使用 FREQOUT 指令发送 5 种不同频率的红外线信号，测试在每种频率下红外线探测器是否可以发现目标。这里介绍一个新的指令——LOOKUP 指令，它可以存储一小段想要依次用到的频率数值到一个列表中，然后通过一个索引使用表中的数值。LOOKUP 指令的语法结构如下：

LOOKUP Index, [Value0, Value1, ... ValueN], Variable

如果变量 Index 的取值为 0，那么方括号中 Value0 的值将被赋给变量 Variable；如果变量 Index 的取值为 1，那么方括号中 Value1 的值将被赋给变量 Variable。该列表可以存储 256 个数值，但对于下面的例程而言，只需要 5 个数值就够了。下面是 LOOKUP 指令的使用示例：

```
FOR freqSelect = 0 TO 4
    LOOKUP freqSelect,[37500,38250,39500,40500,41500],irFrequency
    FREQOUT 8,1, irFrequency
    irDetect = IN9
    ' Commands not shown...
NEXT
```

在第一次执行 FOR…NEXT 循环时，freqSelect 的值为 0，所以 LOOKUP 指令把 37 500 赋值给变量 irFrequency。因为在执行 LOOKUP 指令之后，变量 irFrequency 的值为 37 500，所以 FREQOUT 发送该频率到与 P8 端口连接的红外发光二极管上。和前面几讲中介绍的一样，数值 IN9 被保存在变量 irDetect 中。在第二次执行 FOR…NEXT 循环时，freqSelect 的值为 1，所以 LOOKUP 指令把 38 250 赋值给变量 irFrequency。在第三次执行 FOR…NEXT 循环时，LOOKUP 指令把 39 500 赋值给变量 irFrequency，依此类推。

例程：TestLeftFrequencySweep.bs2

程序 TestLeftFrequencySweep.bs2 要做两件事：第一，测试左侧的 IR 探测器（与 P8 端口和 P9 端口连接），确认 IR 深测器的距离探测功能正常；第二，演示如何完成如图 8.2 所示的红外频率扫描工作。

当运行该程序时，调试终端会有很多种"yes"或"no"的排列模式出现，如图 8.3 所示是其中的两种可能情况。程序通过计算"No"出现的数量确定物体在哪个区域。注意，即使如图 8.3 所示的两个调试终端的测试结果不同，但它们都有三个"Yes"和两个"No"，则在两个例子中"Zone 2"都是探测到的目标区域。

注意：尽管这种距离探测方法不是非常精确，但对于控制机器人跟随、跟踪和进行其他动作已经足够。

- 输入、保存并运行程序 TestLeftFrequencySweep.bs2。
- 用一张纸片对 IR 探测器进行距离探测测试。
- 开始时把纸片贴近 IR 探测器，距离大概 1cm 左右，此时调试终端中显示区域应该为 0 或 1。
- 逐渐把纸片远离 IR 探测器，并记录每一个让 Zone 值增大的距离。

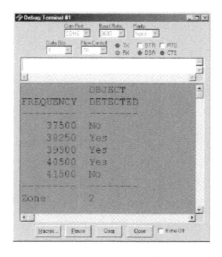

图 8.3 距离探测测试输出示例

'[Title]--

' TestLeftFrequencySweep.bs2

' Test IR detector distance responses to frequency sweep.

' {$STAMP BS2}   ' Stamp directive.

' {$PBASIC 2.5}   ' PBASIC directive.

第8讲 机器人距离探测

```
'[ Variables ]-----------------------------------------------
freqSelect VAR Nib
irFrequency VAR Word
irDetect VAR Bit
distance VAR Nib


'--[ Initialization ]----------------------------------------
DEBUG CLS," OBJECT", CR,"FREQUENCY DETECTED", CR,"--------- --------"


'[ Main Routine ]--------------------------------------------
DO
    distance = 0
    FOR freqSelect = 0 TO 4
        LOOKUP freqSelect,[37500,38250,39500,40500,41500], irFrequency
        FREQOUT 8,1, irFrequency
        irDetect = IN9
        distance = distance + irDetect
        DEBUG CRSRXY, 4, （freqSelect + 3）, DEC5 irFrequency
        DEBUG CRSRXY, 11, freqSelect + 3
        IF （irDetect = 0）THEN DEBUG "Yes" ELSE DEBUG "No "
        PAUSE 100
    NEXT
    DEBUG CR,"--------- --------", CR,"Zone ", DEC1 distance
LOOP
```

该你了——测试右侧的 IR 探测器

只需替换下面两行代码就可以测试右侧的 IR 探测器了。
将

    FREQOUT 8,1,irFrequency
    irDetect = IN9

改为

    FREQOUT 2,1, irFrequency
    irDetect = IN0

- 修改程序 TestLeftFrequencySweep.bs2，对右侧的 IR 探测器进行距离探测测试。
- 运行该程序，检验右侧 IR 探测器能否测量得到与左侧 IR 探测器同样的结果。

同时显示两个距离

用一个程序让机器人的两个 IR 探测器同时进行距离探测。下面的例程由子程序组成，这些子程序可以方便地复制和粘贴到其他需要进行距离探测的程序中。

例程：DisplayBothDistances.bs2

- 输入、保存并运行程序 DisplayBothDistances.bs2。
- 用纸片对每个 IR 探测器进行距离探测测试，然后对两个 IR 探测器同时进行距离探测测试。

```
' --[ Title ]--------------------------------------------------
' DisplayBothDistances.bs2
' Test IR detector distance responses of both IR LED/detector pairs to
' frequency sweep.
' {$STAMP BS2}                    ' Stamp directive.
' {$PBASIC 2.5}                   ' PBASIC directive.
```

```
' --[ Variables ]---------------------------------------------
freqSelect VAR Nib
irFrequency VAR Word
irDetectLeft VAR Bit
irDetectRight VAR Bit
distanceLeft VAR Nib
distanceRight VAR Nib


'--[ Initialization ]-------------------------------------------
DEBUG CLS,"IR OBJECT ZONE", CR,"Left Right", CR,"----- -----"


' ---[ MainRoutine ]---------------------------------------------
DO
    GOSUB Get_Distances
    GOSUB Display_Distances
LOOP


'--[ Subroutine – Get_Distances ]------- ----------------------------
Get_Distances:
    distanceLeft = 0
    distanceRight = 0
    FOR freqSelect = 0 TO 4
        LOOKUP freqSelect,[37500,38250,39500,40500,41500], irFrequency
        FREQOUT 8,1,irFrequency
        irDetectLeft = IN9
```

```
            distanceLeft = distanceLeft + irDetectLeft
            FREQOUT 2,1,irFrequency
            irDetectRight = IN0
            distanceRight = distanceRight + irDetectRight
            PAUSE 100
        NEXT
RETURN


'--[ Subroutine  -  Display_Distances ]---------------------------
Display_Distances:
        DEBUG CRSRXY,2,3, DEC1 distanceLeft,
        CRSRXY,9,3, DEC1 distanceRight
RETURN
```

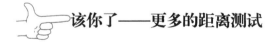

尝试测量不同距离的物体，分析物体的颜色和材质是否会对距离测量结果有影响。

任务2：机器人尾随控制

  本任务将使一个机器人跟随另一个机器人行走。被跟随的机器人称为引导机器人，跟随的机器人称为尾随机器人，尾随机器人必须知道距离引导机器人有多远。如果尾随机器人落在后面，则它必须能察觉并加速；如果尾随机器人距离引导机器人太近，则它也必须能察觉并减速；如果两者之间的距离正好合适，那么它会等待直到测量距离发生变化。

  距离是机器人和其他自动化机器需要控制的变量之一。当一个机器被设计用来自动维持某一数值（如距离、压力或液位）时，它一般都包含一个控制系统。对于本书所使用的机器人来说，它的控制系统由传感器、伺服电机和处理器等部分组成。处理器用于接收传感器的测量结果，通过编程把传感器的输入转化为控制指令输出给伺服电机，由伺服电机驱动机械部件进行机械运动。

闭环控制是一种常用的维持控制目标的方法,它可以帮助机器人保持与一个物体之间的距离不变。闭环控制算法类型多种多样,最常用的有滞后、比例、积分及微分控制。

绝大部分控制算法都可以用很少的几行 PBASIC 代码来实现。如图 8.4 所示,这个图称为方框图,它描述了机器人采用比例控制时的控制过程,即机器人用右侧的 IR 探测器探测距离,并用右侧的伺服电机调节机器人的位置以维持它与物体之间的设定距离不变。

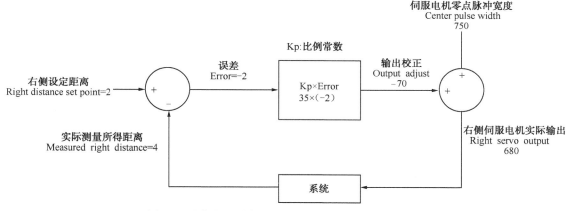

图 8.4 右侧伺服电机和 IR 探测器的比例控制方框图

下面来具体分析一下比例控制算法是如何工作的。右侧设定距离为 2,说明想让机器人与物体之间的距离是 2;实际测量所得距离为 4,说明实际距离较大。误差是两者之差,即 $2-4=-2$,其运算符号已在圆圈中给出,这个圆圈叫作求和点。接着,误差被送入一个操作框,在这个操作框中,误差将乘以一个比例常数 Kp,Kp 的值为 35。该操作框的输出为 $-2 \times 35 = -70$,这叫作输出校正。将这个输出校正的结果输入到另一个求和点,这时它与伺服电机的零点脉冲宽度 750 相加,相加的结果是 680。这个脉冲宽度可以使伺服电机以 3/4 全速顺时针旋转,从而使机器人右轮向前旋转。

在闭环控制系统中,不管测量距离如何变化,闭环控制系统都会计算出一个数值,让伺服电机旋转来纠正误差。

下面是从方框图中归纳出来的方程关系及结果:

Error　　　　　　　＝　　Right distance set point−Measured right distance
　　　　　　　　　　＝　　2 − 4

Output adjust = Error · Kp
= −2 × 35
= −70
Right servo output = Output adjust + Center pulse width
= −70 + 750
= 680

通过一些变换，上面 3 个等式可以简化为一个等式，即

Right servo output = （Right distance set point−Measured right distance）· Kp
+ Center pulse width

代入数值，得

Right servo output = （2 − 4）× 35 + 750
= 680

左侧伺服电机和 IR 探测器的比例控制方框图如图 8.5 所示，与右侧比例控制方框图的运算法则类似，所不同的是比例系数 Kp 由 35 变为−35。下面是该方框图的计算公式：

Left servo output = （Left distance set point − Measured left distance）· Kp
+ Center pulse width
= （2 − 4）×（−35）+ 750
= 820

这个脉冲宽度可以让伺服电机以 3/4 全速逆时针旋转，从而使机器人的左轮向前旋转。

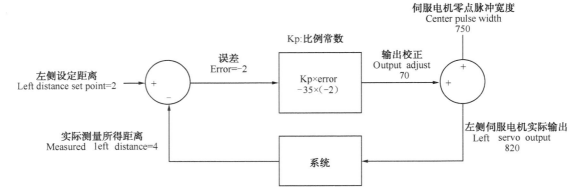

图 8.5 左侧伺服电机和 IR 探测器的比例控制方框图

第8讲 机器人距离探测

对尾随机器人编程

右侧伺服电机的输出方程为

Right servo output=（Right distance set point−Measured right distance）• Kp
　　　　　　　　+ Center pulse width

下面介绍如何用 PBASIC 语言实现上述方程。令右侧设定距离为 2，实际测量距离用变量 distanceRight 存储，Kp 为 35，伺服电机零点脉冲宽度为 750，则

pulseRight=（2 − distanceRight）×35 + 750

同理，另一个方程为

pulseLeft =（2−distanceLeft）×（−35）+ 750

对方程中的常量声明如下：

　　Kpl CON-35

　　Kpr CON 35

　　SetPoint CON 2

　　CenterPulse CON 750

在完成常量声明之后，比例控制公式为

　　pulseLeft =（SetPoint − distanceLeft）• Kpl + CenterPulse

　　pulseRight =（SetPoint − distanceRight）• Kpr + CenterPulse

使用常量声明的好处是，只需在程序的开始部分对常量做一次修改，后面程序用到该常量的地方都会自动进行修改。这对于比例控制系统的调试来说非常有用。

例程：FollowingRobot.bs2

FollowingRobot.bs2 程序将不断地重复执行比例控制环节并发送控制脉冲给伺服电机。具体来说，在发送脉冲之前，先测量距离并计算误差，然后将误差乘以比例系数 Kp 得到输出校正，最后将输出校正与伺服电机零点脉冲宽度相加得到控制脉冲宽度。

● 输入、保存并运行程序 FollowingRobot.bs2。

● 将尺寸为 22cm×28cm 的纸片置于机器人的前方，就像设置了一面障碍物墙一样。

- 尝试轻轻旋转一下纸片，观察机器人是否能够随之旋转。
- 尝试用纸片引导机器人四处运动，观察机器人是否能够跟随它运动。
- 移动纸片，当纸片距离机器人特别近时，机器人应该后退，远离纸片。

```
' -[ Title ]------------------------------------------------------------
' FollowingRobot.bs2
' Robot adjusts its position to keep objects it detects in zone 2.
' {$STAMP BS2}                  ' Stamp directive.
' {$PBASIC 2.5}                 ' PBASIC directive.


DEBUG "Program Running!"


'----[ Constants ]-----------------------------------------
Kpl CON -35
Kpr CON 35
SetPoint CON 2
CenterPulse CON 750


' -----[ Variables ]-----------------------------------------
freqSelect VAR Nib
irFrequency VAR Word
irDetectLeft VAR Bit
irDetectRight VAR Bit
distanceLeft VAR Nib
distanceRight VAR Nib
pulseLeft VAR Word
pulseRight VAR Word
```

```
' -----[ Initialization ]-----------------------------------------
FREQOUT 4, 2000, 3000


' -----[ Main Routine ]-----------------------------------------
DO
    GOSUB Get_Ir_Distances
    ' Calculate proportional output.
    pulseLeft = （SetPoint - distanceLeft）* Kpl + CenterPulse
    pulseRight = （SetPoint - distanceRight）* Kpr + CenterPulse
    GOSUB Send_Pulse
LOOP


' -----[ Subroutine - Get IR Distances ]-----------------------------
Get_Ir_Distances:
    distanceLeft = 0
    distanceRight = 0
    FOR freqSelect = 0 TO 4
        LOOKUP freqSelect,[37500,38250,39500,40500,41500], irFrequency
        FREQOUT 8,1,irFrequency
        irDetectLeft = IN9
        distanceLeft = distanceLeft + irDetectLeft
        FREQOUT 2,1,irFrequency
        irDetectRight = IN0
        distanceRight = distanceRight + irDetectRight
    NEXT
```

RETURN

```
' -----[ Subroutine - Get Pulse ]-----------------------------------
Send_Pulse:
    PULSOUT 13,pulseLeft
    PULSOUT 12,pulseRight
    PAUSE 5
RETURN
```

程序 FollowingRobot.bs2 是如何工作的

程序 FollowingRobot.bs2 通过 CON 指令声明了 4 个常量 Kpr、Kpl、SetPoint 和 CenterPulse。

```
Kpl CON -35
Kpr CON 35
SetPoint CON 2
CenterPulse CON 750
```

主程序做的第一件事是调用 Get_Ir_Distances 子程序。当 Get_Ir_Distances 子程序运行完成后，变量 distanceLeft 和 distanceRight 分别包含一个与区域相对应的数值，该区域里的目标被左、右红外线探测器探测到。

```
DO
    GOSUB Get_Ir_Distances
```

下面的两行代码实现比例控制计算。

```
' Calculate proportional output.
pulseLeft = （SetPoint - distanceLeft）* Kpl + CenterPulse
pulseRight = （SetPoint - distanceRight）* Kpr + CenterPulse
```

计算完 pulseLeft 和 pulseRight 后就可以调用子程序 Send_Pulse 了。

GOSUB Send_Pulse

该你了

如图 8.6 所示是引导机器人和尾随机器人。引导机器人运行的程序是 FastIrRoaming.bs2 修改后的版本，尾随机器人运行的程序是 FollowingRobot.bs2。比例控制将使尾随机器人成为引导机器人忠实的追随者。

图 8.6 导引机器人（前）和尾随机器人（后）

- 用阻值为 470Ω 或 220Ω 的电阻替换与机器人 P2 端口和 P8 端口连接的 1kΩ 电阻。
- 打开程序 FastIrRoaming.bs2，将其重命名为 SlowerIrRoamingForLeadRobot.bs2。
- 修改程序 SlowerIrRoamingForLeadRobot.bs2。将所有 PULSOUT 指令中小于 750 的参数 Duration 的值增大一些，如把 650 增大为 710；将所有 PULSOUT 指令中大于 750 的参数 Duration 的值减小一些，如把 850 减小为 790。
- 尾随机器人运行的程序 FollowingRobot.bs2 不用做任何修改。
- 将尾随机器人放在引导机器人的后面，运行程序，尾随机器人应该以一个固定的距离

跟随在引导机器人的后面。在程序运行过程中，注意排除手或附近墙壁等对机器人的干扰。

可以通过调整 SetPoint 和比例控制常数来改变尾随机器人的行为。

- 在 15～50 中选取一个值，用它代替常量 Kpr 和 Kpl 的值，运行程序 FollowingRobot.bs2，观察机器人在跟随目标运动时的响应有何变化。
- 在 0～4 中选取一个值，用它代替常量 SetPoint 的值，观察机器人的响应有何变化。

任务 3：跟踪条纹带

按如图 8.7 所示铺设一条机器人跟踪路径，通过编程使机器人沿该路径行走。

搭建路径

材料清单如下。

（1）白色粘贴板一张，尺寸为 56cm×71cm。
（2）19mm 宽的黑色聚乙烯绝缘带一卷。

参照图 8.7 用白色粘贴板和绝缘带铺设机器人的跟踪路径。

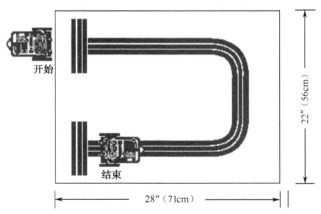

图 8.7　用绝缘带铺设机器人跟踪路径

测试条纹带

- 调节 IR 探测器的位置向下和向外，如图 8.8 所示。

第8讲 机器人距离探测

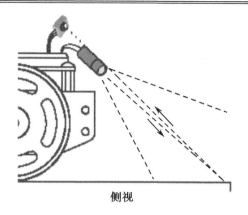

图 8.8 调节 IR 探测器的位置

- 确保用绝缘带铺设的路径不受荧光灯的干扰。
- 用 2kΩ 电阻代替与红外发光二极管串联的 1kΩ 电阻，使机器人的探测距离更近。
- 运行程序 DisplayBothDistances.bs2，观察调试终端显示的两个 IR 深测器的探测距离。
- 如图 8.9 所示，把机器人放在白色粘贴板的中央。

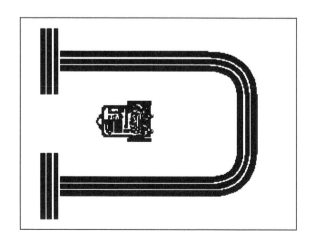

图 8.9 白色粘贴板测试

- 验证区域读数是否表示被探测的物体在很近的区域。如果两个 IR 探测器给出的读数都是 1 或 0，则表示机器人可以看到白色粘贴板。
- 将机器人放置在如图 8.10 所示的位置，使两个 IR 探测器都指向 3 条绝缘带的中心，如图 8.11 所示。
- 调整机器人的位置（靠近或远离绝缘带），直到两个区域的值都达到 4 或 5，这表明机器人要么发现了一个很远的物体，要么没有发现物体，即机器人看不到绝缘带，此时机器人认为前面没有障碍物。

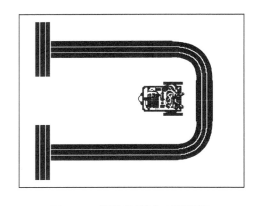

图 8.10　绝缘带测试（俯视图）

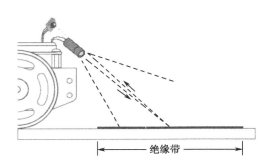

图 8.11　绝缘带测试（侧视图）

绝缘带路径排错

当 IR 探测器指向绝缘带路径的中心时，如果不能获得比较高的区域读数，则用 4 条绝缘带代替原来的 3 条绝缘带重新铺设路径；如果区域读数仍然很低，则用 4.7kΩ 电阻替换 2kΩ 电阻，使机器人的探测距离更近；如果都不行，则更换使用其他种类的绝缘带。还可以调整 IR 探测器，使它们的指向更靠近或更远离机器人前部。

如果白色粘贴板区域测试有问题，则尝试让 IR 探测器指向更靠近机器人的方向，但是注意不要让底板带来干扰。也可以尝试更换一个更低阻值（如 1kΩ）的电阻。

如果用热缩管包装的红外发光二极管代替带套筒的红外发光二极管，那么当 IR 探测器聚焦在白色背景上时要得到一个低区域的值可能有问题。这些红外发光二极管可能需要串联 470Ω 或 220Ω 的电阻，还要确保红外发光二极管的引脚没有相互接触。

现在，将机器人放在绝缘带路径上，让它的轮子正好跨在黑色线上，IR 探测器应该稍微向外，如图 8.12 所示。验证两个 IR 探测器的读数是否均为 0 或 1。如果读数较高，则意味着

IR 探测器需要再稍微朝远离绝缘带边缘的方向调整一下。

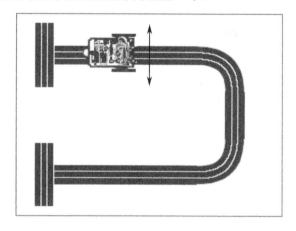

图 8.12　机器人横跨绝缘带俯视图

当把机器人沿图 8.12 中箭头所示的任意一个方向移动时，两个 IR 探测器中的一个会指向绝缘带，并且这个指向绝缘带的 IR 探测器的读数应该增加到 4 或 5。如果将机器人向左移动，则右侧 IR 探测器的值会增加；如果将机器人向右移动，则左侧 IR 探测器的值会增加。

- 调整 IR 探测器，直到机器人通过这个测试。

编程跟踪条纹带

只需对程序 FollowingRobot.bs2 做一些小的调整就可以使机器人跟踪条纹带行走。首先，机器人应当向前运动以使到目标的距离比 SetPoint 的值小，或离开目标以使到目标的距离比 SetPoint 的值大，这与程序 FollowingRobot.bs2 正好相反。当机器人离目标的距离不在 SetPoint 的范围内时，让机器人向相反的方向运动，这可以通过更改 Kpl 和 Kpr 的符号实现。

例程：StripeFollowingBoeBot.bs2

- 打开程序 FollowingRobot.bs2，将其另存为 StripeFollowingBoeBot.bs2。
- 将 SetPoint 声明由 SetPoint CON 2 改为 SetPoint CON 3。
- 将 Kpl 由 -35 改为 35。
- 将 Kpr 由 35 改为 -35。
- 运行程序。

- 将机器人放在如图 8.13 所示的 "Start" 位置，机器人将静止。当把手放在 IR 探测器前面时，机器人会向前移动。当机器人走过了开始的条纹带时，把手移开，它会沿着条纹带路径行走。当机器人看到 "Finish" 条纹带时，它会停止不动。

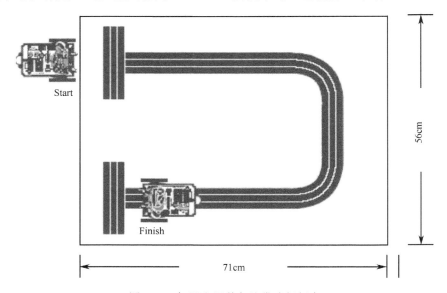

图 8.13　机器人沿着条纹带路径行走

- 假定从绝缘带获得的距离读数为 5，从白色粘贴板获得的读数为 0，则 SetPoint 的常量值为 2、3 和 4 时都可以使机器人正常工作。尝试采用不同的 SetPoint 值，观察机器人在条纹带上行走时的性能。

```
' -----[ Title ]------------------------------------------
' StripeFollowingBoeBot.bs2
' Robot adjusts its position to move toward objects that are closer
' than zone 3 and away from objects further than zone 3. Useful for
' following a 2.25 inch wide vinyl electrical tape stripe.
' {$STAMP BS2}                       ' Stamp directive.
' {$PBASIC 2.5}                      ' PBASIC directive.
```

第8讲 机器人距离探测

```
DEBUG "Program Running!"
' -----[ Constants ]-----------------------------------------
Kpl CON 35                      ' Change from -35 to 35
Kpr CON -35                     ' Change from 35 to -35
SetPoint CON 3                  ' Change from 2 to 3.
CenterPulse CON 750


' -----[ Variables ]-----------------------------------------
freqSelect VAR Nib
irFrequency VAR Word
irDetectLeft VAR Bit
irDetectRight VAR Bit
distanceLeft VAR Nib
distanceRight VAR Nib
pulseLeft VAR Word
pulseRight VAR Word


' -----[ Initialization ]------------------------------------
FREQOUT 4, 2000, 3000


' -----[ Main Routine ]--------------------------------------
DO
    GOSUB Get_Ir_Distances
    ' Calculate proportional output.
    pulseLeft = (SetPoint - distanceLeft) * Kpl + CenterPulse
```

```
            pulseRight = (SetPoint - distanceRight) * Kpr + CenterPulse
            GOSUB Send_Pulse
     LOOP


' -----[ Subroutine - Get IR Distances ]-----------------------
Get_Ir_Distances:
     distanceLeft = 0
     distanceRight = 0
     FOR freqSelect = 0 TO 4
            LOOKUP freqSelect,[37500,38250,39500,40500,41500], irFrequency
            FREQOUT 8,1,irFrequency
            irDetectLeft = IN9
            distanceLeft = distanceLeft + irDetectLeft
            FREQOUT 2,1,irFrequency
            irDetectRight = IN0
            distanceRight = distanceRight + irDetectRight
     NEXT
RETURN


' -----[ Subroutine - Get Pulse ]------------------------------
Send_Pulse:
     PULSOUT 13,pulseLeft
     PULSOUT 12,pulseRight
     PAUSE 5
RETURN
```

第8讲 机器人距离探测

 该你了——沿着条纹带行走比赛

倘若你的机器人能忠实地在"Start"和"Finish"条纹带处等待,那么你可以把这个实验转化为比赛,用时最少者获胜。你也可以搭建其他的路径。为了使机器人获得最好的性能,可以用不同的 SetPoint 值、Kpl 和 Kpr 做实验。

 工程素质和技能归纳

- 了解红外线探测器用红外频率扫描方式进行距离探测的工作原理和工程实现方法。
- 学会如何通过编程让红外线探测器进行距离探测。
- 掌握闭环控制的基本概念和比例控制的实现方法。
- 掌握用红外距离测量和比例控制实现机器人尾随运动的思路和方法。
- 归纳总结不同控制参数对尾随机器人跟踪性能的影响。
- 能够改进尾随机器人的程序,使其可以跟踪条纹带。

第 9 讲 机器人竞赛

 学习情境

在前面的机器人运动控制中,我们发现机器人总是难以把控好方向,会或多或少地出现偏斜。如果我们在场地中布置好黑色轨道,机器人也能够看到场地上的黑色轨道,那么便可以编程使机器人以黑色轨道为参照,沿着轨道行走,这称为循线。实际上,循线在很多机器人竞赛项目中都需要用到,识别黑色轨道最常用的是 QTI(Quick Track Infrared)传感器。

任务1:认识 QTI 传感器

QTI 传感器的实物如图 9.1 所示,当面向 QTI 传感器光电感面(有黑色凸起的一面)时,3个引脚从上到下依次为 GND、VCC、SIG,在 QTI 传感器的背面有具体的标记。各引脚的定义如下所述。

图 9.1 QTI 传感器

(1)GND:电源地线。
(2)VCC:5V 直流电源。
(3)SIG:信号输出。

利用 3-Pin 杜邦线将 QTI 传感器连接到 BasicDuino 微控制器上,如图 9.2 所示,将 QTI 传感器连接到 P0 端口。

第9讲 机器人竞赛

图 9.2 连接 QTI 传感器

QTI 传感器属于输入设备，我们只需要编写程序来检测 QTI 传感器的输入信号即可，具体的测试程序如下：

```
' {$STAMP BS2}
' {$PBASIC 2.5}
'Test QTI sensor,use P0 sa input

DO
    DEBUG ? IN0
    PAUSE 100
LOOP
```

若将黑色凸起部分先对着空中再靠近黑色的物体，此时机器人接收到的输入信号为 1；若将黑色凸起部分朝着亮色物体靠近，此时机器人接收到的输入信号会变为 0。

QTI 传感器相当于机器人的眼睛，因为机器人的运动方向和运行位置由左、右两侧伺服电机决定，为了让机器人尽可能早地做出正确决策，QTI 传感器的安装位置应尽量靠前。但如果

QTI 传感器距离伺服电机的位置较远，则机器人任何轻微的方向变化都可能造成 QTI 传感器信号检测差异，甚至出现信号检测错误。为了保证机器人工作的准确性，可以将 QTI 传感器安装在机器人前端靠近伺服电机的位置上，如图 9.3 所示。

图 9.3　QTI 传感器的安装位置

为了让机器人稳定地沿着黑色轨道前进，我们需要给机器人安装两个 QTI 传感器，两个 QTI 传感器的位置分别位于机器人中心线的两侧，其间距比黑色轨道稍宽即可。在机器人运动过程中，两个 QTI 传感器会有 4 种可能的信号检测状态，如表 9.1 所示。

表 9.1　4 种 QTI 传感器检测状态

左侧 QTI 传感器	右侧 QTI 传感器	机器人运动策略
0	0	前进
0	1	右转
1	0	左转
1	1	前进

根据表 9.1 所示的机器人运动策略，可以为机器人编写如下循线程序：

'LineFollowingWith2QTIs.bs2

' {$STAMP BS2}

' {$PBASIC 2.5}

'左侧 QTI 传感器接 P8 端口，右侧 QTI 传感器接 P11 端口

第 9 讲 机器人竞赛

```
left VAR bit
right VAR bit
OUT8 = %1
OUT11 = %1

DO
   GOSUB Check_Qti
   IF left = 1 AND right = 1 THEN
      PULSOUT 13,850
      PULSOUT 12,650
   ELSEIF left = 1 AND right = 0 THEN
      PULSOUT 13,850
      PULSOUT 12,750
   ELSEIF left = 0 AND right = 1 THEN
      PULSOUT 13,750
      PULSOUT 12,650
   ELSE
      PULSOUT 13,850
      PULSOUT 12,650
   ENDIF
   PAUSE 20
LOOP

Check_Qti:
'QTI 传感器检测结果：0 表示白色表面，1 表示黑色表面
```

```
        DIR8 = %1              'P8 作为输出口
        DIR11 = %1             'P11 作为输出口
        PAUSE 0                '延时 230μs
        DIR8 = %0              'P8 作为输入口
        DIR11 = %0             'P11 作为输入口
        PAUSE 0                '延时 230μs
        left = IN8             '保存 P8 输入信号到 left
        right = IN11           '保存 P11 输入信号到 right
    RETURN
```

指令解释

在程序最开始可以看到这样一条指令：

OUT8 = %1

它的意思是将 P8 端口的输出设定为 1。其中，OUT8 表示 P8 端口的输出信号，它与 IN8 类似，也是一个位变量，%表示二进制数据。DIR8 指令的作用是设置 P8 端口的状态，当 DIR8 的值为 1 时，表示将端口设置为输出口，当 DIR8 的值为 0 时，表示将端口设置为输入口。加入这条指令后，只要将端口设置为输出口，该端口就会自动输出高电平信号，其功能与 HIGH 8 指令类似。

可以根据表 9.2 进一步了解 BasicDuino 微控制器的内部结构。

表 9.2 BasicDuino 微控制器 16 个 I/O 端口的控制寄存器名称和定义

Word 名称	Byte 名称	Nibble 名称	Bit 名称	用　　途
INS	INL	INA,INB	IN0～IN7	作为输入端口时的数据
	INH	INC,IND	IN8～IN15	寄存器
OUTS	OUTL	OUTA,OUTB	OUT0～OUT7	作为输出端口时存放输出
	OUTH	OUTC,OUTD	OUT8～OUT15	数据的寄存器
DIRS	DIRL	DIRA,DIRB	DIR0～DIR7	控制端口是作为输入
	DIRH	DIRC,DIRD	DIR8～DIR15	还是作为输出

BasicDuino 微控制器内部有 32 个字节的 RAM，这些 RAM 的前 6 个字节用来控制 BasicDuino 微控制器 16 个 I/O 端口的输入输出方向和存储输入输出数据。通常，将这些控制 I/O 端口的内存 RAM 叫作寄存器。为了便于编写程序和控制端口，PBASIC 程序解释器内部为这些寄存器（RAM）按照 Word（16 位）、Byte（8 位）、Nibble（4 位）和 Bit（1 位）分别定义好了名称。它们与一般变量的区别是，它们的位置是固定的，而且在使用时不需要对它们进行重新定义。

程序是如何工作的？

主程序中首先定义了两个位变量 left 和 right，用来存储两个 QTI 传感器检测到的状态，然后将 P8 端口和 P11 端口对应的输出寄存器置 1，让它们作为输出口并输出高电平，随后是循线算法的实现过程。

循线算法的实现过程：机器人先不断地检测 QTI 传感器的状态，然后根据检测到的 QTI 传感器状态来判断机器人应该怎样调整运动方向，使机器人始终能够沿着黑线前进。因为两个 QTI 传感器的检测状态只能有 4 种，所以在程序中直接用 IF...THEN...ELSEIF...ENDIF 结构来实现算法。

该你了——拓展训练

若机器人只安装了一个 QTI 传感器，是否有办法让机器人实现循线功能呢？

任务 2：机器人定位

在实际应用中，机器人面对的并不是单一的路径，而是由多条非平行线交错构成的网状轨道，此时机器人需要"观察"每个交叉路口的特性，为下一步动作提供决策依据。由此可知，单纯的循线程序已经无法满足机器人的运动控制要求，机器人在循线的同时还要掌握路口的特征信息。

路口定位

通过运行任务 1 的程序，可以发现，机器人在通过十字路口时是可以顺利通过的，并不会出现循线错误的问题。但是在这个过程中，机器人只是将十字路口视为循线轨道的一部分，与单一轨道并无不同。如果要让机器人知道这个位置是十字路口，则需要对机器人的控制程序进行调整，通过捕获路口特征信息来执行相应的任务。例如，在如图 9.4 所示的十字路口，当机器人沿着轨道行走时，若两个 QTI 传感器都检测到黑色轨道，则说明机器人到达十字路口位置。如果希望机器人在遇到十字路口时等待一段时间，那么可以将之前的程序进行如下调整。

图 9.4　QTI 传感器检测十字路口

```
'LineFollowingWith2QTIs.bs2
' {$STAMP BS2}
' {$PBASIC 2.5}
'左侧 QTI 传感器接 P8 端口，右侧 QTI 传感器接 P11 端口

left VAR bit
right VAR bit
counter VAR Byte
```

```
OUT8 = %1
OUT11 = %1

DO
   GOSUB Check_Qti
   IF left = 1 AND right = 1 THEN
      PAUSE 2000
      GOSUB Pass_intersection
   ELSEIF left = 1 AND right = 0 THEN
      PULSOUT 13,850
      PULSOUT 12,750
   ELSEIF left = 0 AND right = 1 THEN
      PULSOUT 13,750
      PULSOUT 12,650
   ELSE
      PULSOUT 13,850
      PULSOUT 12,650
   ENDIF
   PAUSE 20
LOOP


Check_Qti:
'QTI传感器检测结果：0表示白色表面，1表示黑色表面
   DIR8 = %1      'P8作为输出口
   DIR11 = %1     'P11作为输出口
```

```
    PAUSE 0          '延时 230μs
    DIR8 = %0        'P8 作为输入口
    DIR11 = %0       'P11 作为输入口
    PAUSE 0          '延时 230μs
    left = IN8       '保存 P8 输入信号到 left
    right = IN11     '保存 P11 输入信号到 right
RETURN

Pass_intersection:
    FOR counter = 1 TO 5
        PULSOUT 13,850
        PULSOUT 12,650
        PAUSE 20
    NEXT
RETURN
```

在本程序中，机器人遇到十字路口后会等待 2s，之后会调用子程序 Pass_intersection 通过路口，然后继续执行循线功能。Pass_intersection 程序的功能是通过路口。

机器人在运行过程中往往不止经过一个交叉路口，如果机器人要知道自身所处的位置，则需要把信息记录下来，就像我们会在心里默默记住所到访过的位置一样，机器人可以把经过的路口数量保存在变量中，机器人通过判断变量值即可知道自身所处的位置。我们可以在程序开始位置定义变量：interNumber VAR Byte，同时对机器人检测到交叉路口时的程序做如下修改：

```
    PAUSE 2000
    interNumber = interNumber + 1
```

```
        GOSUB Pass_intersection
    ENDIF
```

如果机器人在到达对应的交叉路口时需要执行相关的任务，则可以在 interNumber = interNumber + 1 语句后面加入相关语句，先判断变量 interNumber 的值，再根据判断结果执行相应的操作。

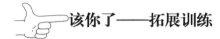该你了——拓展训练

机器人的循线轨道并不都是十字交叉结构，有时可能不是垂直交叉，甚至可能是不规则交叉，如图 9.5 所示为两种典型的不规则循线轨道。

此时，如果按十字交叉结构的判断方式来探测路口位置，则机器人很可能会做出错误的判断。在图 9.5（a）所示情况下，机器人很可能无法探测到路口而直接通过，在图 9.5（b）所示情况下，机器人能够探测到路口位置，但可能沿错误的方向前进。对于上述这种较为复杂的路口，可以通过新增 QTI 传感器的方式来进行路口位置探测，读者可以自行动手尝试一下。

（a）L形路口

图 9.5 不规则循线轨道

（b）T形路口

图 9.5 不规则循线轨道（续）

任务 3：心灵手巧竞赛

心灵手巧竞赛是中国教育机器人大赛的比赛项目之一，该项目要求参赛队员根据现场抽取的任务进行编程，旨在培养参赛者的动手能力，激发参赛者学习科学的热情。

竞赛任务

心灵手巧比赛场地如图 9.6 所示。

机器人从起始位置出发，沿曲线行走到终点结束。机器人在行走的过程中会经过 a、b、c、d、e 5 个位置，对应有 A、B、C、D、E 5 个关键位置。在比赛过程中会从 a、b、c、d、e 中随机抽选两个位置摆放色块，选手需要控制机器人将色块搬运到对应的关键位置旁边的线圈区域，放置位置越靠近线圈中心，得分越高。

该竞赛任务可以分为两部分，一部分为循线行走，另一部分为色块搬运。循线可以作为机器人工作过程中的主任务，色块搬运则作为子任务。从起始点开始，机器人需要经过 7 个交叉路口，根据前面的内容可知，机器人可以通过两个 QTI 传感器检测到路口信息，当机器人行走到对应的路口时，将色块搬运到目标区域，再返回主轨道即可。

第9讲 机器人竞赛

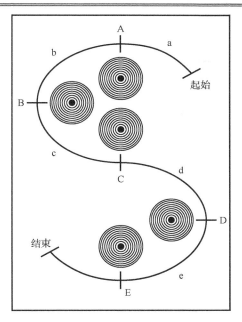

图 9.6 心灵手巧比赛场地

程序设计

在循线机器人程序结构的基础上可以设计如下程序：

```
'competition.bs2
' {$STAMP BS2}
' {$PBASIC 2.5}
' 左侧 QTI 传感器接 P8 端口，右侧 QTI 传感器接 P11 端口

left VAR Bit
right VAR Bit
FIRST_INTER  CON 3            '第一个关键位置点标记
SECOND_INTER CON 5            '第二个关键位置点标记
```

```
FIRST_TURN CON 0              '第一个关键位置点转向为向左
SECOND_TURN CON 1             '第二个关键位置点转向为向右
counter VAR byte              '计数器
direct VAR Bit                '程序中用于标记当前关键位置点转向
interNumber VAR byte          '记录当前经过的路口数量,开始位置为第一个路口
OUT8 = %1
OUT11 = %1

DO
    GOSUB Check_Qti
    DEBUG ? left
    DEBUG ? right
    IF left = 0 AND right = 0 THEN
       PULSOUT 13,850
       PULSOUT 12,650
    ELSEIF left = 0 AND right = 1 THEN
       PULSOUT 13,850
       PULSOUT 12,750
    ELSEIF left = 1 AND right = 0 THEN
       PULSOUT 13,750
       PULSOUT 12,650
    ELSE
       interNumber = interNumber + 1
       IF interNumber = FIRST_INTER THEN
          direct = FIRST_TURN
```

```
        IF FIRST_TURN = 0 THEN
           GOSUB turnLeft
        ELSE
           GOSUB turnRight
        ENDIF
        GOSUB pushAhead
        GOSUB backToTrack
     ELSEIF interNumber = SECOND_INTER THEN
        direct = SECOND_TURN
        IF SECOND_TURN = 0 THEN
           GOSUB turnLeft
        ELSE
           GOSUB turnRight
        ENDIF
        GOSUB pushAhead
        GOSUB backToTrack
     ELSE
        FOR counter = 1 TO 5
           PULSOUT 13,850
           PULSOUT 12,650
           PAUSE 20
        NEXT
     ENDIF
  ENDIF
PAUSE 20
DEBUG ? interNumber
```

```
    LOOP UNTIL(interNumber > 6)
END


turnLeft:                       '左转 90°准备搬运
  FOR counter = 1 TO 17
    PULSOUT 13,650
    PULSOUT 12,650
    PAUSE 20
  NEXT
RETURN


turnRight:                      '右转 90°准备搬运
  FOR counter = 1 TO 17
    PULSOUT 13,850
    PULSOUT 12,850
    PAUSE 20
  NEXT
RETURN


pushAhead:                      '前进一段距离,将色块推到合适的位置
  FOR counter = 1 TO 45
    PULSOUT 13,850
    PULSOUT 12,650
    PAUSE 20
  NEXT
RETURN
```

```
backToTrack:                    '返回主轨道
  FOR counter = 1 TO 20         '后退一定距离
    PULSOUT 13,650
    PULSOUT 12,850
    PAUSE 20
  NEXT
  IF direct = 0 THEN            '在当前路口位置机器人左转后搬运色块
    FOR counter = 1 TO 24       '掉头,准备返回轨道
      PULSOUT 13,850
      PULSOUT 12,850
      PAUSE 20
    NEXT
    DO                          '找到轨道位置
      PULSOUT 13,850
      PULSOUT 12,650
      PAUSE 20
    LOOP UNTIL IN14 = 1
    FOR counter = 1 TO 5        '前进数步确保穿越轨道
      PULSOUT 13,850
      PULSOUT 12,650
      PAUSE 20
    NEXT
    DO                          '转向确保以合适的姿态进入轨道
      PULSOUT 13,700
```

```
            PULSOUT 12,700
            PAUSE 20
        LOOP UNTIL IN14 = 1
    ELSE
        FOR counter = 1 TO 24
            PULSOUT 13,650
            PULSOUT 12,650
            PAUSE 20
        NEXT
        DO
            PULSOUT 13,850
            PULSOUT 12,650
            PAUSE 20
        LOOP UNTIL IN15 = 1
        FOR counter = 1 TO 5
            PULSOUT 13,850
            PULSOUT 12,650
            PAUSE 20
        NEXT
        DO
            PULSOUT 13,800
            PULSOUT 12,800
            PAUSE 20
        LOOP UNTIL IN15 = 1
    ENDIF
RETURN
```

第9讲 机器人竞赛

Check_Qti:
'QTI 传感器检测结果：0 表示白色表面，1 表示黑色表面
 DIR8 = %1 'P8 作为输出口
 DIR11 = %1 'P11 作为输出口
 PAUSE 0 '延时 230μs
 DIR8 = %0 'P8 作为输入口
 DIR11 = %0 'P11 作为输入口
 PAUSE 0 '延时 230μs
 left = IN8 '保存 P8 输入信号到 left
 right = IN11 '保存 P11 输入信号到 right
RETURN

在程序调试过程中，需要对机器人前进、后退及转向等动作的执行次数进行调整，从而保证机器人以最佳的状态完成任务。

该你了——拓展训练

机器人在循线过程中的定位非常重要，为了保证机器人控制的精确性，机器人在非必要情况下应该尽可能避免盲走。在机器人搬运色块的过程中，为了尽可能地定位准确，可以将机器人的两个 QTI 传感器紧贴着安装在机器人的前方，这样一来机器人便可以感应到分数环旁边的短线位置，但与此同时机器人无法通过已有的 QTI 传感器判断交叉路口位置，故需要增加额外的传感器。

  注意：做完实验后应断开机器人的电源。

工程素质和技能归纳

- 掌握 QTI 传感器的接线方式,能正确完成 QTI 传感器的接线。
- 能利用 QTI 传感器对黑色轨道进行识别进而循线。
- 能利用 QTI 传感器对机器人进行定位,并对相应的路口做好记录。
- 完成心灵手巧竞赛。

附录 A　本书所使用机器人部件清单

部 件 清 单	单位和规格	数　量
Basic Duino 微控制器	个	1
连续旋转伺服电机	套	2
机器人运动底盘（带前轮）	套	1
电池盒	个	1
驱动轮	个	2
防滑皮套	个	2
电路板连接柱子	25mm	4
柱子（连接触觉传感器）	13mm	2
盘头螺钉	M3×8mm	22
螺母	M3 螺母	18
沉头螺钉	M3×8mm	4
螺钉	M3×20mm	4
螺丝刀	把	1
跳线	根	10
R14 蜂鸣器	个	1
EL-1L1	只	2
胡须	根	2
防水开关	只	1
10μF 插件电解电容	个	2
1μF 电解电容	个	1
104P 聚丙烯	个	4
103P 聚丙烯	个	2

续表

部 件 清 单	单位和规格	数　量
LED 灯	个	2
插件电阻	支	22
光敏电阻	个	2